"十四五"职业教育国家规划教材

计算机网络技术专业

网络操作系统

Wangluo Caozuo Xitong

（第2版）

主　编　王　浩　鲁　菲

副主编　任燕军　胡志齐　贾艳光　周　颖　吕　硕

主　审　马开颜

U0343856

中国教育出版传媒集团

高等教育出版社·北京

内容简介

本书是"十四五"职业教育国家规划教材,依据教育部《中等职业学校计算机网络技术专业教学标准》《网络系统软件应用与维护职业技能等级标准(2021年版)》,并结合"计算机网络管理员"职业资格证书考核要求进行编写。

本书内容组织以解决企业不断变化的网络操作系统应用需求为主线,共有11个项目,覆盖了计算机网络管理员岗位的核心工作内容。其中,涉及网络操作系统基本管理技能的项目有4个:安装虚拟机平台与网络操作系统,管理本地用户、组、本地安全策略,管理与使用NTFS文件系统,磁盘管理;涉及网络操作系统服务配置的项目有5个:配置与管理文件服务器,配置与管理DHCP服务器,配置与管理DNS服务器,配置与管理Web服务器,配置与管理FTP服务器;涉及网络操作系统集中管理的项目有2个:部署与管理Active Directory,配置与管理WDS服务器。

本书配套教学课件等辅助教学资源,请登录高等教育出版社Abook 新形态教材网(http://abook.hep.com.cn)获取相关资源,详细使用方法见本书最后一页"郑重声明"下方的"学习卡账号使用说明"。

本书可作为中等职业学校计算机网络技术及其相关专业的教材,也可作为计算机类专业对口升学考试、计算机网络相关职业资格考试、网络系统应用相关职业技能等级考试用书,以及从事网络系统运行与维护人员的参考用书。

图书在版编目(CIP)数据

网络操作系统 / 王浩,鲁菲主编. -- 2版. -- 北京:高等教育出版社,2021.11(2024.8重印)

ISBN 978-7-04-057391-6

Ⅰ. ①网… Ⅱ. ①王… ②鲁… Ⅲ. ①网络操作系统－中等专业学校－教材 Ⅳ. ①TP316.8

中国版本图书馆CIP数据核字(2021)第247665号

策划编辑	陈 莉	责任编辑	周海燕		封面设计	张 志	版式设计 杜微言
插图绘制	李沛蓉	责任校对	张慧玉 窦丽娜		责任印制	赵义民	

出版发行	高等教育出版社	网 址	http://www.hep.edu.cn
社 址	北京市西城区德外大街4号		http://www.hep.com.cn
邮政编码	100120	网上订购	http://www.hepmall.com.cn
印 刷	北京市白帆印务有限公司		http://www.hepmall.com
开 本	889mm×1194mm 1/16		http://www.hepmall.cn
印 张	17.75	版 次	2015年8月第1版
			2021年11月第2版
字 数	410千字	印 次	2024年8月第6次印刷
购书热线	010-58581118	定 价	42.40元
咨询电话	400-810-0598		

物 料 号 57391-A0

第 2 版前言

一、基本情况

本书是"十四五"职业教育国家规划教材，为适应网络操作系统应用范围的扩大，主流软件版本的不断变化，加之网络安全问题受到越来越多的重视，编写团队历时两年打磨，完成了第 2 版的改版工作。经过对网络操作系统版本应用情况的调研，最终选用在中小型企事业单位中应用较多的 Windows Server 2012 R2 作为软件载体。除在第 2 版中加入网络操作系统应用的新技术外，同时关注了党的二十大报告中提出的"网络强国"战略要求，对内容和结构进行了优化调整，力求满足不同层次学生的学习需求。

在很多企事业单位中，计算机与网络都已经成为不可或缺的工具。无论学生今后是否从事与计算机网络技术相关的工作，了解网络操作系统知识，掌握网络操作系统的相关技能，都能为他们今后更加高效地工作奠定基础。对于计算机网络技术相关专业的学生而言，使用网络操作系统管理服务器、为用户提供网络服务，依然是主要的学习内容，也是今后从事网络管理与维护相关工作的基本技能，必须全面、系统地学习、实践。

二、本书特色

希望学生在使用本书进行学习、实践后，能建立应用网络操作系统的 4 个意识，这既是本书编写的基本依据，也是对第 1 版特色的延续。

第一，建立网络操作系统应用的思维模式。网络操作系统是为了管理网络资源、提供网络服务而存在的操作系统，这是其与桌面操作系统的最大区别，因此，应该在一个有服务器与客户端的网络环境中进行学习与实践。在此过程中，使用虚拟化技术能够降低成本，也能充分利用现有资源，同时便于建立学习所需的网络环境。在本书中，将安装虚拟机平台与网络操作系统作为第一个项目，虚拟化技术并非本课程重点，其重要性在于使用虚拟机平台建立支撑学习的网络环境，形成应用网络操作系统为用户提供服务的意识。

第二，关注网络操作系统应用的核心技能。对于大多数网络操作系统而言，其管理和配置工作主要包含系统安装、用户管理、磁盘管理、网络服务配置与管理、活动目录部署等。本书按网络操作系统的应用需求划分了梯度，为学生循序渐进学习核心技能提供了支撑：项目 1～项目 4

主要学习网络操作系统管理的基本技能；项目 5~ 项目 9 主要学习网络服务配置，这是网络管理员应掌握的核心技能，本次改版扩充了这部分内容；项目 10、项目 11 主要学习运用网络操作系统对资源进行集中管理的技能。无论学生今后遇到什么样的网络操作系统，都可以运用这些核心技能分析和实现需求，并依据工作场景的变化进行拓展、迁移，符合学生的认知和发展规律。

第三，注重网络操作系统应用的经验积累。学生未来从事的工作任务并非本书案例的简单复制，而是会根据需求发生变化。本书以项目划分章节，在项目与任务的编写顺序上，采用先建立、后使用、再管理调整的基本原则进行编写。学生在完成任务时，可略过"知识链接"等内容先完成操作，形成感性认识，有了一定的经验积累后，再进一步了解操作中所涉及的知识、原理，逐渐形成理性认识。采用这种方式编写，也是希望学生能够全面、系统地认识和应用网络操作系统，做到知行合一，能运用已有经验解决新问题。

第四，适应网络操作系统应用的发展变化。计算机网络技术、网络信息安全等多个专业均设有网络操作系统应用相关的课程，虽在教学中有不同侧重，但先以图形化的 Windows Server 系统作为载体学起，再学习命令行的 Linux 等系统，这种由易到难的学习过程是师生的普遍共识。此次改版拓展了本书的应用范围，既有项目、任务的基本应用案例，以满足学生核心技能学习需求，也有"经验分享""任务拓展"等内容模块，为学生进一步学习和思考提供指引。选用本书的学校可根据实际情况进行选择，以便为学生打好网络操作系统应用的基础，客观看待并适应发展变化。

三、改版情况

党的二十大报告中明确指出"加快建设网络强国和数字中国"，标志着我国网信事业开启了从网络大国迈向网络强国新征程。网络安全是护航数字经济的底板工程，习近平总书记多次强调网络安全的重要性，指出"没有网络安全就没有国家安全，就没有经济社会稳定运行，广大人民群众利益也难以得到保障"。此次改版，从"大处着眼，小处着手"，关注国家网络强国战略，力求为服务数字经济高质量发展培养更多能工巧匠，加入了一些课程思政元素。与此同时，保障人民网络安全的《网络安全法》《数据安全法》《个人信息保护法》陆续颁布。编写团队希望使用本书的学生，能对我国有关网络操作系统应用的关键事件、发展形势有初步了解。此外，还希望学生能对有关网络操作系统的安全问题和防范措施有初步了解，逐步形成安全意识、隐私保护意识。例如，在项目中增设了有关网络操作系统基本安全配置的任务，包括"设置 Windows 防火墙""使用 EFS 加密文件"等，并在一些任务中增设了"安全提示"内容模块，旨在使学生形成基本网络安全意识和初步技能。改版后，每个任务都包括"任务描述""任务实施"两个主要环节，并根据不同任务的必要性增加了"相关知识""任务拓展"等环节，在任务中穿插"知识链接""操作提示""经验分享""安全提示"等内容模块，便于参加技能大赛、职业技能等级考试、职业资格考试的学生进行深入学习和实践。

四、学时建议

本书适用于网络操作系统、Windows 服务器配置等课程，依据教育部颁布的《中等职业学校计算机网络技术专业教学标准》和《职业教育专业简介》，以及全国工业和信息化职业教育教学指导委员会对计算机网络技术专业教学标准的修订精神，建议学时数为 108 学时。

本书共 11 个项目，建议学时分配如下：

项目	内容	学时
1	安装虚拟机平台与网络操作系统	14
2	管理本地用户、组、本地安全策略	10
3	管理与使用 NTFS 文件系统	10
4	磁盘管理	10
5	配置与管理文件服务器	10
6	配置与管理 DHCP 服务器	6
7	配置与管理 DNS 服务器	8
8	配置与管理 Web 服务器	10
9	配置与管理 FTP 服务器	8
10	部署与管理 Active Directory	14
11	配置与管理 WDS 服务器	8
	合计	108

本书由北京市信息管理学校教师王浩(北京市特级教师、正高级讲师、北京市职教名师)领衔的校企融合团队编写而成，王浩、鲁菲担任主编，任燕军、胡志齐、贾艳光、周颖、吕硕(北京天融信网络安全技术有限公司)担任副主编，参加编写的还有付捷、吴潇楠(北京市第二十四中学)。其中项目 1~6 由王浩、鲁菲编写，项目 7 由任燕军编写，项目 8 由胡志齐、贾艳光编写，项目 9 由周颖、吕硕编写，项目 10、项目 11 由王浩编写。全书由王浩统稿，北京教育科学研究院马开颜担任主审并提出了修改建议，全书由付捷、吴潇楠、吕硕进行了操作步骤验证。

本书项目案例情境源于企业应用，所涉及企业名称、域名、员工名等均为虚构，如有雷同，纯属巧合。

由于计算机网络技术的发展速度迅猛，网络操作系统的相关技术也在不断地更新变化，在本书的编写过程中，虽然编者力图将工作经验、教学经验融入本书中，但难免存在不足之处，敬请使用本书的广大师生提出批评、建议，并与编写团队交流，以便进一步完善本书。读者意见反馈邮箱：zz_dzyj@pub.hep.cn。

编　者

2023 年 6 月

第 1 版前言

本书是"十二五"职业教育国家规划教材，也是经人力资源和社会保障部职业技能鉴定中心认定的职业院校"双证书"课题实验教材，依据教育部《中等职业学校计算机网络技术专业教学标准》，并结合"计算机网络管理员"职业资格证书考核要求进行编写。

网络操作系统是计算机网络技术及相关专业的主要课程，涉及很多计算机相关工作岗位需要的基础知识和基本技能。在《中等职业学校计算机网络技术专业教学标准》中，对"网络操作系统"课程的要求是：了解网络操作系统基本概念，掌握网络操作系统的安装与维护技能，能安装和维护应用软件、管理用户和磁盘、配置相应的服务与策略，学习此门课程需要 64 学时。本书以此为依据组织教学内容。

本书编写中，希望能使学生建立应用网络操作系统的 5 个基本思维习惯，这既是本书编写的基本思路，也是本书编写的主要特色。

第一，网络操作系统不是个人计算机的操作系统，是为了管理网络资源而设计的操作系统。因此，应该建立一个有服务器和客户端的网络系统，在服务器上安装和使用网络操作系统，用网络操作系统管理整个网络的资源。为了更好地实践和学习，需要搭建一个网络环境。使用虚拟机建立的模拟网络环境更节约成本，有助于学生树立起网络的概念和意识。在本书中，使用虚拟机建立网络环境，不是作为附录的内容，而是作为第一个项目，出现在教材的正文中。在此项目中，使用虚拟机并不重要，使用虚拟机建立网络环境更为重要，建立网络操作系统应用于网络环境的思维模式则是重中之重。

第二，使用任何类型产品的网络操作系统，都需要遵循如下的基本工作思路：安装（项目 2）、管理存储设备（项目 3）、管理用户（项目 4）、配置服务（项目 5）、建立为网络上的计算机进行统一服务与管理的策略（项目 6、7）。不管学生在今后的实际工作中使用什么样的网络操作系统，都应该依据这个基本工作思路进行学习，并不断进行深入研究。

第三，在使用网络操作系统时，需要根据不同的使用需求，完成不同的工作任务。基于这样的工作方式，本书使用了"项目—任务"编写模式，并将相近的任务放在同一个项目中，以方便形成网络操作系统使用思路的整体认知。在项目与任务的编写顺序上，采用先建立、后使用、再管理的基本顺序进行编写。在每个任务的编写中，先完成操作，即先有感性认识，再了解操作中所涉及的知识与原理，即进行理性认识。采用这种方式进行编写，便于认知网络操作系统，并且做到应用与知识的有效结合，是"做中学"的一种方式。

第四，针对每个具体的工作任务，从任务的应用情境入手，建立基本的解决问题思路，完成相关任务。在完成任务的基础上，再整理知识，并能举一反三。因此，每个任务都是通过任务描述、任务分析、任务实施、相关知识、任务拓展这样的步骤进行学习。同时，在任务实施过程中，适当地在操作步骤中融合知识、经验和工作要求，使得做与学相结合，更是"做中学"的一种体现。

第五，由于在计算机网络技术专业的专业技能方向课程中还有相关课程，本书只是完成了网络操作系统的基本思路与基本内容，对网络操作系统提供的各种服务没有给出复杂的情境，没有进行深入的讨论。本书重在普及网络操作系统的应用，为专业技能方向课程的学习打好基础，并使学生建立使用网络操作系统的基本思路。

使用本书学习网络操作系统，除了实践、学习教材中相关的内容外，更需要学生对网络环境进行研究，对操作系统的帮助文档进行研究，还需要学生之间相互介绍经验、交流体会。同时，教师应该给出其他的情境，以使学生灵活使用教材中所涉及的知识与技能。

本书共有 7 个项目，建议学时分配如下：

项目	内容	学时	理论学时 / 实践学时
1	利用虚拟机构建网络环境	6	2/4
2	安装与配置网络操作系统	6	1/5
3	管理系统应用的磁盘	6	1/5
4	管理本地用户、组和 NTFS 文件系统	9	3/6
5	配置常见网络服务	15	5/10
6	应用 Active Directory 与组策略实现集中管理	10	2/8
7	保障网络正常运行	12	2/10
合计		64	16/48

本书配套学习卡网络教学资源，使用本书封底所附的学习卡，登录 http://abook.hep.com.cn/sve，可获得相关资源，详见书末"郑重声明"页。

本书由有丰富计算机网络技术专业教学经验的一线教师编写，由马开颜、王浩主编，其中北京市信息管理学校的王浩老师编写了项目1、项目4和项目6，胡志齐老师编写了项目2和项目7，贾艳光老师编写了项目3和项目5，全书由王浩与马开颜统稿。同时，在本书的编写过程中还得到了相关企业工程技术人员的帮助和指导，并由高晓飞对全书进行了认真的审阅，在此一并表示衷心感谢！

由于计算机技术的发展速度迅猛，网络操作系统的技术在不断地更新变化，在本书的编写过程中，虽然编者试图将工作经验、教学经验融入教材中，但难免存在不足之处，敬请使用本书的广大教师和学生针对书中的问题提出批评、建议和意见，以便进一步完善本书。读者意见反馈邮箱：zz_dzyj@pub.hep.cn。

编　者

2015 年 5 月

目　录

安装虚拟机平台与网络操作系统

　　网络操作系统（Network Operating System，NOS），是一种向网络中的计算机提供服务或应用的操作系统，一般安装在服务器上。服务器（Server）是网络环境中的高性能计算机，能够侦听与响应其他计算机（客户机，Client）提交的服务请求，一般为7×24 小时不间断运行，稳定性和安全性要求较高。

　　网络操作系统是互联网应用体系的基础，常见的网络操作系统主要有 UNIX、Linux、Windows Server 等。UNIX 于 1969 年推出，具有多个发行版本，所占市场份额小，需要与特定硬件配套使用，如 IBM 公司 Power 系列服务器使用的 AIX，Sun 公司服务器上使用的 Solaris。Linux 于 1991 年推出，其功能与 UNIX 系统相似，但免费、开源的特点使其迅速占领市场，常见的发行版本有 Red Hat Enterprise Linux、CentOS、Debian、Ubuntu 等。Windows Server 操作系统的前身 Windows NT，后者于 1993 年推出，与 Windows 桌面级系统相似的图形界面使其具有易学易用的优势。

　　党的二十大报告指出"坚决打赢关键核心技术攻坚战"。随着我国网信事业的高速发展，芯片和基础软件逐渐实现了自主。从 1985 年浪潮公司研发的第一台国产服务器至今，我国高性能计算机已进入"超算"时代，新一代"天河"超级计算机实现了每秒 20 亿亿次高精度浮点数运算，让世界再一次见证了"中国速度"。操作系统是核心基础软件，也要实现自主可控。麒麟操作系统（KylinOS），还有欧拉操作系统（OpenEuler）、鸿蒙操作系统（HarmonyOS）等，这些基于 Linux 的国产操作系统在应用规模和适配效果上有大幅提高，已走向创新发展的新阶段。

　　学习网络操作系统管理的相关技术，需要在具有两台以上计算机的网络环境中实践。对于初学者而言，可在一台普通的计算机上利用虚拟机软件来构建这种网络环境。

项目描述

　　王老师是浩海职业学校的机房管理老师，为了满足计算机相关专业学生的实训需求，王老师在实训室中的计算机上安装了虚拟机软件。利用虚拟机，每个学生都可以构建包含多台计算机的网络实验环境，在学习过程中遇到操作系统故障也能快速恢复，而且不影响其他班级学生上课。王老师和学生需要安装虚拟机平台软件，创建、启动、关闭虚拟机，以及修改虚拟机硬件配置，安装网络操作系统并完成基本的防火墙和远程桌面设置。学生在做实验的过程中，还可以利用虚拟机的快照功能保存进度状态，便于多次练习。

能力素质

- 了解网络操作系统的基本概念；
- 了解虚拟机的基本概念以及应用场景；
- 能安装主流的虚拟机平台软件；
- 能创建一台虚拟机并完成启动、关闭、克隆、删除等操作；
- 能对虚拟机进行硬件和网络设置；
- 能利用快照功能保存虚拟机状态；
- 能安装主流网络操作系统；
- 能对网络操作系统自带的防火墙进行初步设置；
- 能使用远程桌面管理网络操作系统；
- 增强信息系统安全意识，能在使用网络操作系统时进行基本的安全设置；
- 增强知识产权意识，能主动使用正版软件；
- 增强节约意识，能主动使用虚拟化技术高效利用服务器资源。

任务 1.1　安装虚拟机平台软件

任务描述

浩海职业学校的王老师准备为实训室计算机安装虚拟机软件，以满足计算机相关专业学生的实训需求。王老师首先借助互联网等渠道了解虚拟机及其基本功能，理解虚拟机的基本概念，查找主流的虚拟机平台软件，最后选择安装了 VMware Workstation Pro 15。

任务实施

1.1.1　认识虚拟机

虚拟机（Virtual Machine，VM），是指通过虚拟化软件模拟出来的具有完整硬件功能的计算机，它以文件的形式保存在宿主计算机上。虚拟机技术最早由美国 IBM 公司在 20 世纪 70 年代研制，主要作用是使用软件模拟硬件设备。

在使用上，虚拟机与真实计算机基本相同，不仅可以安装操作系统和应用软件，还可以保存数据并与真实计算机进行通信。大多数情况下，虚拟机的故障不会对宿主计算机产生影响，在系统迁移方面具有一定优势。在一个宿主计算机上可以通过虚拟机平台软件创建多台虚拟机，可大幅节省企业的运行成本，不仅广泛应用于需要提高网络设备使用率的企业网络环境中，还用于软件测试与学校教学。

一般情况下，宿主计算机称为"主机"（Host），指承载虚拟机的宿主，通常是一台物理计算机，也称为"物理机""宿主机"等。虚拟机称为"客户机"（Guest），指通过软件模拟出来的计算机。在工作场景中，"物理机""虚拟机"的称谓使用较多。

一般情况下，不建议进行嵌套虚拟化操作。所谓嵌套虚拟化，即在虚拟机中再创建虚拟机。多次嵌套虚拟机将降低各层次虚拟机的性能，而且一旦某一层次的虚拟机出现系统故障，将影响在其上创建的所有虚拟机。但如有明确的嵌套虚拟化使用需求，需要检查宿主虚拟机的 CPU 是否支持硬件虚拟化功能。

1.1.2　了解主流虚拟机平台软件

虚拟机平台，即能够利用虚拟化技术创建虚拟机的软件。

VMware Workstation Pro 是市场占有率较高的虚拟机平台软件，由美国 VMware 公司开发，其最大优势是支持的虚拟机操作系统种类多。除此之外，该平台可在基于 VMware 基础架构的其他虚拟机平台软件（如适用于 Apple Mac 计算机的 VMware Fusion）中迁移和访问虚拟机。VMware 还提供了独立的虚拟化操作系统 ESXi（最新名称为 VMware vSphere Hypervisor），并整合了 vCenter 等组件推出云计算平台。

VirtualBox 是一款著名的开源虚拟机软件，最早由 Innotek 公司开发，后被 Sun 公司收购，2010 年 Oracle 公司收购了 Sun 公司，将软件改名为 Oracle VM VirtualBox。VirtualBox 的特点是以软件社区方式提供支持与服务，用户可以参与产品的改进。VirtualBox 支持的虚拟机操作系统也非常多，除了常见的 Windows、Linux 等操作系统外，还支持 Android 等移动端操作系统。VirtualBox 还提供了 VBoxManage 命令行界面，比图形界面的功能更多，如修改虚拟机磁盘的 UUID 等。

Xen 和 KVM 是 Linux 下常用的开源虚拟机管理程序。Xen 由英国剑桥大学计算机实验室开发，Citrix 等商业运营的虚拟化服务公司都采用 Xen 的技术，使用 Xen 需要在 Linux 内核中添加 Xen 功能。KVM（Kernel-based Virtual Machine）由以色列 Qumranet 公司开发，最大的特点是已经集成到 Linux 的内核中，后来被美国 Red Hat 公司收购。

我国在虚拟化平台软件领域起步较晚，但自主研发的 CNware WinSphere 等产品已能在信创应用领域实现对国外同类产品的替代。同一公司推出的虚拟机平台产品之间具有兼容性。不同公司的虚拟机平台产品之间可能会出现兼容问题，虽然可以通过转换格式的方式在其他平台读取虚拟机，但转换后可能产生无法启动、蓝屏等问题。

1.1.3 安装 VMware Workstation Pro

步骤 1：下载 VMware Workstation Pro 15.5 中文版安装包。

步骤 2：运行 VMware Workstation Pro 15.5 安装包，在"欢迎使用 VMware Workstation Pro 安装向导"界面中单击"下一步"按钮，如图 1-1-1 所示。

 经验分享

建议在 Windows 7 及后续的 Windows 操作系统上安装新版本的 VMware Workstation Pro，否则可能会出现兼容问题。若安装 VMware Workstation Pro 时出现要求安装"Microsoft VC Redistributable"的提示，可到官网下载 Visual C++ 支持文件。

步骤 3：在"最终用户许可协议"界面中，勾选"我接受许可协议中的条款"复选框，然后单击"下一步"按钮，如图 1-1-2 所示。

步骤 4：在"自定义安装"界面中单击"下一步"按钮，如图 1-1-3 所示。

步骤 5：在"用户体验设置"界面中，取消勾选"启动时检查产品更新"以及"加入 VMware 客户体验提升计划"复选框，然后单击"下一步"按钮，如图 1-1-4 所示。

步骤 6：在"快捷方式"界面中选择快捷方式的保存位置，单击"下一步"按钮，如图 1-1-5 所示。

 安全提示

随着企业信息化水平的逐步提升，网络安全和用户隐私问题也日益凸显，有些软件会收集用户计算机、服务器的使用信息，网络管理员和用户要增强网络安全意识，在非必要时不参与软件的用户反馈计划，以免泄露企业数据。

图 1-1-1　进入安装向导

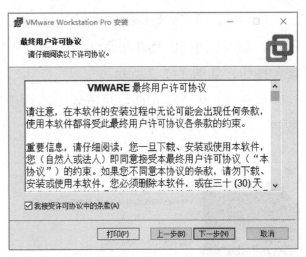

图 1-1-2　阅读许可协议

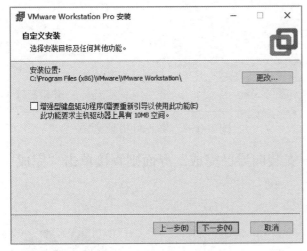

图 1-1-3　自定义安装选项

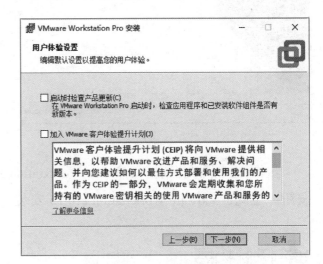

图 1-1-4　设置用户体验选项

步骤 7：在"已准备好安装 VMware Workstation Pro"界面中单击"安装"按钮，开始安装软件，如图 1-1-6 所示。

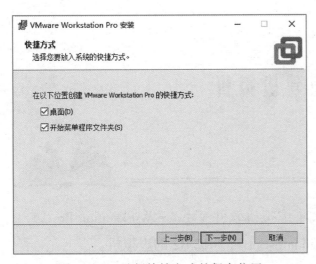

图 1-1-5　选择快捷方式的保存位置

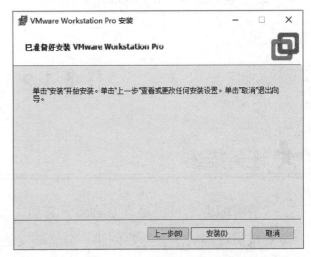

图 1-1-6　完成安装准备

步骤8：在"VMware Workstation Pro 安装向导已完成"界面中选择是否输入软件许可证密钥，如需试用30天则直接单击"完成"按钮，如已经购买软件许可证，则可单击"许可证"按钮，如图1-1-7所示。

步骤9：在"输入许可证密钥"界面中按指定格式输入许可证密钥，然后单击"输入"按钮，如图1-1-8所示。

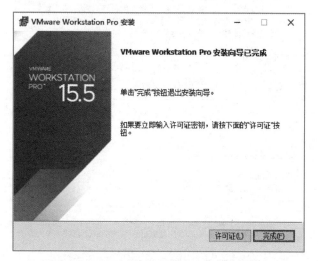
图1-1-7　选择试用或输入许可证密钥

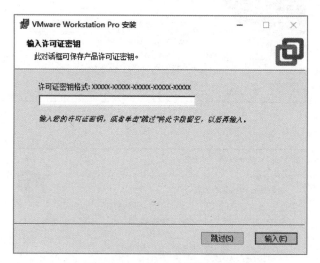
图1-1-8　输入许可证密钥

步骤10：再次出现"VMware Workstation Pro 安装向导已完成"界面则直接单击"完成"按钮。至此，VMware Workstation Pro 15 安装完毕。

任务拓展

在计算机上安装 Oracle VM VirtualBox，具体要求如下：
① 从官方网站下载最新版 Oracle VM VirtualBox 软件。
② 安装 Oracle VM VirtualBox 软件。

任务 1.2　创建虚拟机

任务描述

浩海职业学校已经在实训室计算机上安装了虚拟机软件 VMware Workstation Pro 15，负责机房管理的王老师要创建一台能够安装 Windows Server 2012 R2 的虚拟机。

任务实施

1.2.1　设置虚拟机默认存储位置

步骤 1：运行 VMware Workstation Pro，在主窗口中选择"编辑"→"首选项"命令，如图 1-2-1 所示。

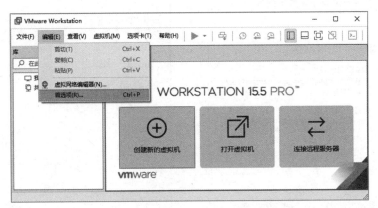

图 1-2-1　VMware Workstation Pro 主窗口

步骤 2：在"首选项"对话框中单击"工作区"选项，然后单击"浏览"按钮或在其左侧的文本框中手动输入虚拟机的默认位置，本任务设置为"D:\虚拟机"，设置完毕后单击"确定"按钮，如图 1-2-2 所示。

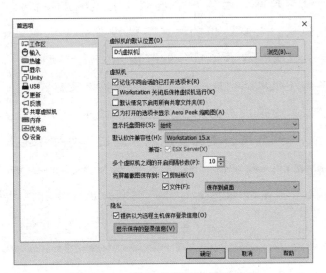

图 1-2-2　设置虚拟机的默认位置

1.2.2　创建虚拟机

步骤 1：在 VMware Workstation Pro 主窗口中单击"创建新的虚拟机"按钮。

步骤 2：在"新建虚拟机向导"对话框中选择虚拟机的类型，"典型（推荐）"表示使用推荐设置快速创建虚拟机，"自定义（高级）"表示根据需要设置虚拟机的硬件类型、兼容性、存储位置等。本任务选中"自定义（高级）"单选按钮，单击"下一步"按钮，如图 1-2-3 所示。

步骤 3：在"选择虚拟机硬件兼容性"界面中，单击"下一步"按钮，如图 1-2-4 所示。

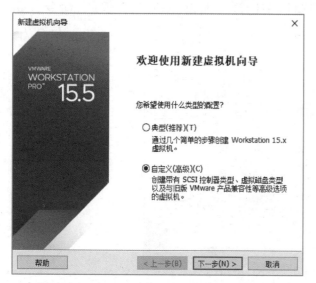

图 1-2-3 选择虚拟机创建方式

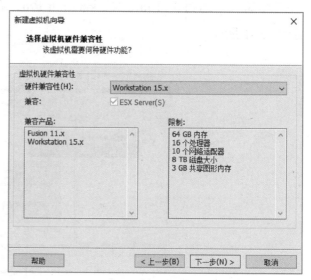

图 1-2-4 设置虚拟机兼容性

> **知识链接**
>
> 虚拟机硬件兼容性可理解为由某一平台软件创建的虚拟机能在哪些产品中打开。使用典型配置创建虚拟机，会默认将硬件兼容性设置成与已安装的 Workstation Pro 版本相同。使用自定义配置创建虚拟机，则可由用户设置硬件兼容性，设置时会显示可兼容的 VMware 产品及版本的列表，以及硬件和功能限制。
>
> 一般情况下，高版本虚拟机产品所支持的虚拟机硬件更丰富，且同一公司的高版本产品能够打开由低版本产品所创建的虚拟机。若在工作中准备部署的虚拟机需要在其他 VMware 产品上运行，必须注意硬件兼容性设置，如在 VMware Workstation Pro 15 上创建的虚拟机需要在 12 版本上打开，则须把硬件兼容性设置为"Workstation 12"或更低。

步骤 4：在"安装客户机操作系统"界面中选中"稍后安装操作系统"单选按钮，单击"下一步"按钮，如图 1-2-5 所示。

步骤 5：在"选择客户机操作系统"界面中，选择操作系统版本"Windows Server 2012"，然后单击"下一步"按钮，如图 1-2-6 所示。

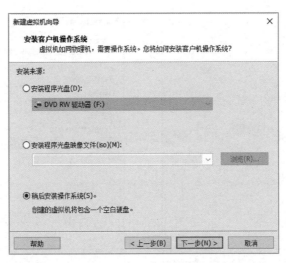

图 1-2-5　设置安装来源

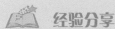

经验分享

　　若在此步骤选中了"安装程序光盘映像文件（iso）"并加载了 VMware Workstation Pro 简易安装（Easy Install）功能所支持的系统映像，则下一步会提示输入系统的全名、用户名、密码，如果是 Windows 操作系统，还需选择版本并输入产品密钥。虚拟机启动后会自动完成操作系统的安装，包括分区、格式化和设置用户名、密码、自动登录以及安装 VMware Tools 等操作，能够大幅度地提高工作效率。但简易安装也给部分操作带来了不便，如无法完成自动更换光盘、自定义分区等操作。如因输入错误的简易安装信息需要取消自动安装，可在虚拟机硬件设置中将加载 autoinst.iso 映像文件的光盘驱动器设置为"自动检测"或删除该设备。

　　步骤 6：在"命名虚拟机"界面中输入虚拟机名称，本任务使用"server1"，单击"下一步"按钮，如图 1-2-7 所示。

　　步骤 7：在"固件类型"界面中使用默认的"BIOS"固件类型，然后单击"下一步"按钮，如图 1-2-8 所示。

　　步骤 8：在"处理器配置"界面中设置处理器数量及每个处理器的内核数量，单击"下一步"按钮，如图 1-2-9 所示。

　　步骤 9：在"此虚拟机的内存"界面中，将虚拟机内存设置为 1 024 MB，单击"下一步"按钮，如图 1-2-10 所示。

　　步骤 10：在"网络类型"界面中选中"使用桥接网络"单选按钮，单击"下一步"按钮，如图 1-2-11 所示。

图 1-2-6 选择操作系统版本

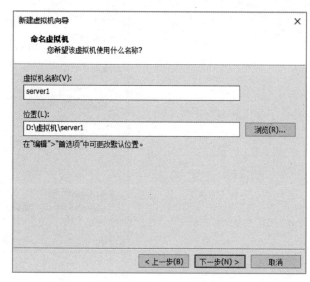

图 1-2-7 命名虚拟机

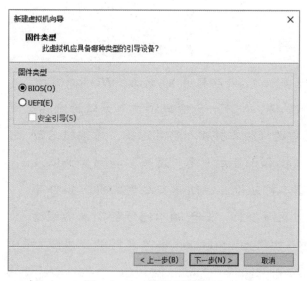

图 1-2-8 选择固件类型

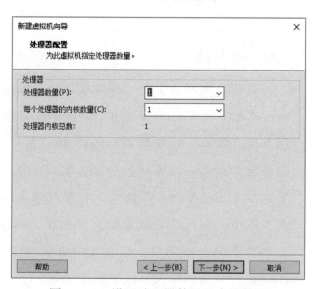

图 1-2-9 设置处理器数量及内核数量

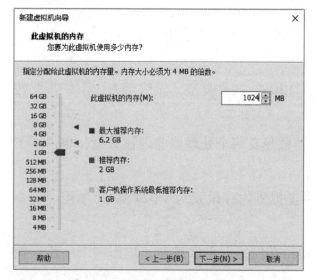

图 1-2-10 设置虚拟机内存大小

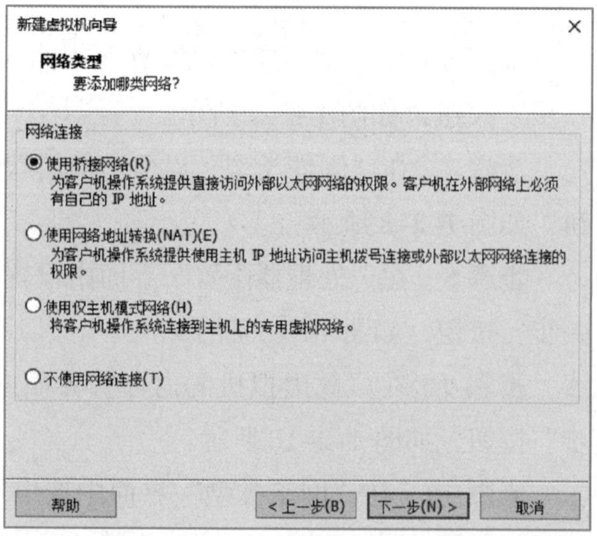

图 1-2-11 设置虚拟机网络类型

知识链接

　　虚拟机网络类型将影响虚拟机在网络中的逻辑位置，VMware Workstation Pro 15 所支持的网络连接类型及其功能见表1-2-1。

表 1-2-1　VMware Workstation Pro 15 网络连接类型

网络连接类型	实现功能
使用桥接网络	虚拟机将和物理机连接到同一台交换机上。使用桥接网络连接时，同一以太网中的其他计算机能够与该虚拟机直接通信
使用网络地址转换（NAT）	虚拟机将通过网络地址转换（NAT）使用物理机的 IP 地址作为外部地址访问网络。物理机相当于配置了网络地址转换功能的路由器，虚拟机将作为该路由器内网中的计算机，一般使用该模式连接到 Internet
使用仅主机模式网络	此模式在虚拟机和物理机系统之间提供网络连接。虚拟机只能与物理机以及仅主机模式网络中的其他虚拟机进行通信。相当于选择此种模式的虚拟机在一个独立的虚拟网络中
不使用网络连接	不为虚拟机配置网络连接，即不能连接任何网络

　　步骤 11：在"选择 I/O 控制器类型"界面中，单击"下一步"按钮，如图 1-2-12 所示。

　　步骤 12：在"选择磁盘类型"界面中，使用推荐的"SCSI"虚拟磁盘类型，单击"下一步"按钮，如图 1-2-13 所示。

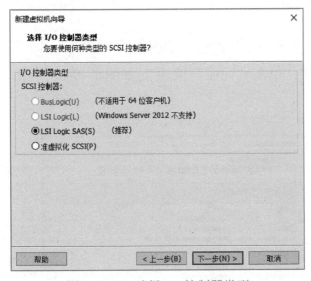

图 1-2-12　选择 I/O 控制器类型

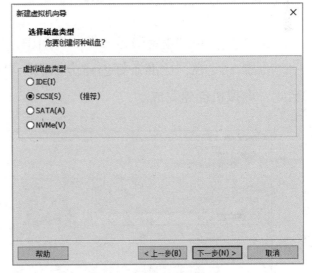

图 1-2-13　选择磁盘类型

　　步骤 13：在"选择磁盘"界面中，单击"下一步"按钮，如图 1-2-14 所示。

　　步骤 14：在"指定磁盘容量"界面中将最大磁盘大小设置为 80.0 GB，并选中"将虚拟磁盘存储为单个文件"单选按钮，然后单击"下一步"按钮，如图 1-2-15 所示。

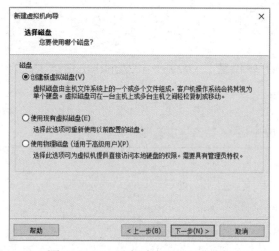

图 1-2-14　选择虚拟机所用磁盘

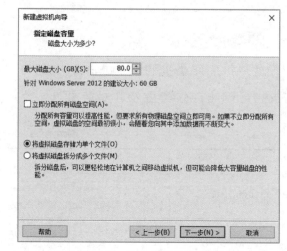

图 1-2-15　指定虚拟机磁盘容量

 经验分享

　　建议使用动态分配方式指定虚拟机磁盘容量，不使用"立即分配所有磁盘空间"，这样虚拟机磁盘文件大小就会在最大值内随着虚拟机中数据的大小而动态变化，能够高效利用物理计算机的磁盘空间。

　　建议选择"将虚拟磁盘存储为单个文件"，从而避免磁盘文件被拆分成多个文件而造成误删除。如果要使用可移动存储设备复制或移动虚拟机，且虚拟机磁盘文件大于4 GB，建议将可移动存储设备的文件系统设置为 NTFS。

　　步骤 15：在"指定磁盘文件"界面中，单击"下一步"按钮，如图 1-2-16 所示。

　　步骤 16：在"已准备好创建虚拟机"界面中，单击"完成"按钮，如图 1-2-17 所示。至此，虚拟机创建完成。

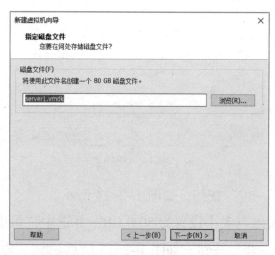

图 1-2-16　指定虚拟机磁盘文件名

图 1-2-17　虚拟机硬件信息

任务拓展

使用 VMware Workstation Pro 的典型方式创建虚拟机，具体要求如下：

① 将虚拟机命名为"测试用虚拟机"。

② 设置硬盘大小为 60 GB。

③ 设置支持操作系统为 CentOS 6。

任务 1.3　安装网络操作系统 Windows Server 2012 R2

任务描述

浩海职业学校负责机房管理的王老师已经能够使用 VMware Workstation Pro 创建一台虚拟机，现在需要在虚拟机上安装网络操作系统 Windows Server 2012 R2 用作实训教学。

任务实施

1.3.1　将安装映像放入虚拟机光驱

步骤 1：选择虚拟机"server1"，在"server1"设备列表中双击光盘驱动器图标"CD/DVD（SATA）"，如图 1-3-1 所示。

图 1-3-1　虚拟机信息概要窗口

步骤 2：在"虚拟机设置"对话框的"硬件"选项卡中，选择光盘驱动器"CD/DVD

（SATA）"选项，选中右侧"使用ISO映像文件"单选按钮，然后单击"浏览"按钮，如图1-3-2所示。

图1-3-2 设置光盘驱动器

步骤3：在"浏览ISO映像"对话框中浏览并选择Windows Server 2012 R2的安装映像文件，然后单击"打开"按钮，如图1-3-3所示。

图1-3-3 选择映像文件

知识链接

磁盘映像文件，是指将某种存储设备的内容、数据进行完整复制，并存储为一个单独的文件。例如，Windows操作系统的映像文件包含了引导程序和数据文件，用户在授权范围内刻录成光盘即可用来安装操作系统。而"复制"光盘大多数情况下只复制了光盘内的数据文件，并不含有引导程序。映像文件以.iso 等作为扩展名，通过软件读取映像文件与通过光驱读取光盘效果相同。

步骤 4：返回"虚拟机设置"对话框后，单击"确定"按钮完成设置。

1.3.2 安装网络操作系统 Windows Server 2012 R2

步骤 1：在虚拟机"server1"选项卡中，单击"开启此虚拟机"按钮，如图 1-3-4 所示。

图 1-3-4　虚拟机信息概要窗口

步骤 2：加载后即可进入"Windows 安装程序"窗口，此处使用默认的语言、时间等设置，单击"下一步"按钮，如图 1-3-5 所示。

步骤 3：在随后出现的"Windows 安装程序"窗口中，单击"现在安装"按钮，如图 1-3-6 所示。

图 1-3-5　选择语言、时间等格式

图 1-3-6　准备安装操作系统

步骤 4：在"选择要安装的操作系统"界面中，选择"Windows Server 2012 R2 Datacenter（带有 GUI 的服务器）"操作系统，单击"下一步"按钮，如图 1-3-7 所示。

操作提示

　　本任务所用镜像支持 Windows Server 2012 R2 Standard（标准版）与 Windows Server 2012 R2 Datacenter（数据中心版）。如需安装图形用户界面，须选择"带有 GUI 的服务器"的安装选项，使用"服务器核心安装"选项安装后，默认只能通过命令行界面管理服务器。

　　步骤 5：在"许可条款"界面中勾选"我接受许可条款"复选框，单击"下一步"按钮，如图 1-3-8 所示。

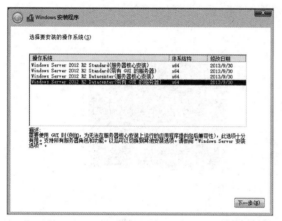
　　图 1-3-7　选择要安装操作系统的版本

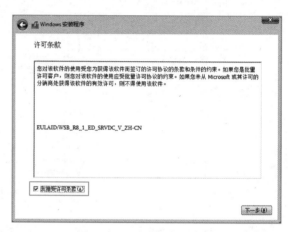
　　图 1-3-8　同意许可条款

　　步骤 6：在"你想执行哪种类型的安装？"界面中，选择"自定义：仅安装 Windows（高级）"选项，如图 1-3-9 所示。

　　步骤 7：在"你想将 Windows 安装在哪里？"界面中对磁盘进行分区。单击"新建"按钮，在"大小"微调按钮框中输入分区大小（此处使用 40 960 MB，即 40 GB），然后单击"应用"按钮，如图 1-3-10 所示。

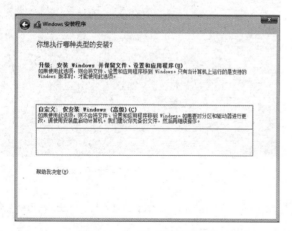
　　图 1-3-9　选择安装类型

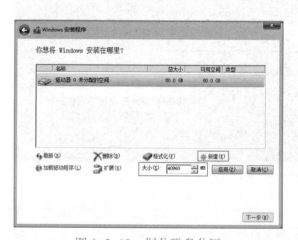
　　图 1-3-10　划分磁盘分区

步骤8：在弹出的提示对话框中单击"确定"按钮，Windows 将创建用于启动的额外分区，如图 1-3-11 所示。

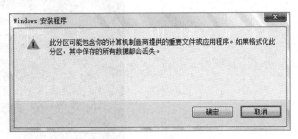

图 1-3-11   系统提示

步骤9：返回"你想将 Windows 安装在哪里？"界面，选择未分配的空间，重复上述步骤对剩余空间进行分区。完成磁盘分区后选择第一个主分区，单击"下一步"按钮，如图 1-3-12 所示。

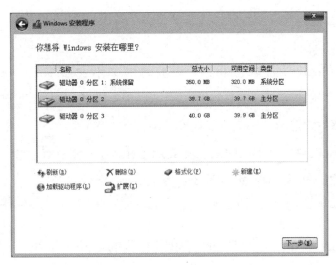

图 1-3-12   选择主分区

步骤10：进入"正在安装 Windows"界面后等待系统安装完成，安装完成后会提示重新启动计算机，如图 1-3-13 所示。

步骤11：当出现"设置"窗口时，为管理员账户（软件中为"帐"，实际应为"账"）Administrator 设置密码，然后单击"完成"按钮，如图 1-3-14 所示。

✍ **知识链接**

　　Windows Server 2012 R2 中默认开启了"密码必须符合复杂性要求"策略，此处设置的 Administrator 账户密码须满足此要求。在 Windows 系统中，复杂密码需要满足以下条件：不能包含用户名，也不能包含用户名中超过两个连续字符的部分，至少有 8 个字符，且必须包含英文大写字母、英文小写字母、数字和非字母字符 4 类中的 3 类字符。

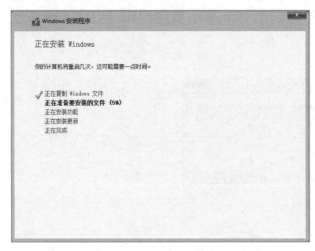

图 1-3-13　Windows 安装过程　　　　　　　图 1-3-14　输入 Administrator 账户密码

步骤 12：按 Ctrl+Alt+Delete 组合键登录系统，如图 1-3-15 所示。

操作提示

在 VMware Workstation Pro 中，为避免虚拟机和物理机的快捷键产生冲突，用 Ctrl+Alt+Insert 组合键来实现 Ctrl+Alt+Delete 组合键的功能，也可以单击"虚拟机"菜单，然后选择"发送 Ctrl+Alt+Del"命令。

如将光标由虚拟机切换到物理机，须使用 Ctrl+Alt 组合键；反之，则无须使用快捷键，可直接进入虚拟机窗口中进行单击，然后进行后续操作。

步骤 13：输入 Administrator 用户密码，单击右侧的"→"按钮，即可进入操作系统，如图 1-3-16 所示。

图 1-3-15　登录等待界面　　　　　　　　　图 1-3-16　输入登录密码

步骤 14：进入系统后会显示桌面并默认打开"服务器管理器"窗口，如系统弹出"网络"的提示窗口，可以按需选择，本任务选择"否"按钮，如图 1-3-17 所示。

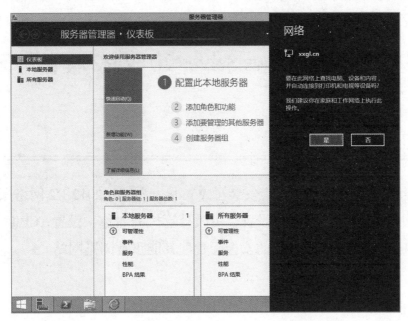

图 1-3-17 首次进入 Windows Server 2012 R2 桌面

操作提示

　　如需在虚拟机中获得更好的硬件体验，可安装 VMware Tools，它是 VMware 产品中的一个功能模块，包含虚拟机硬件驱动程序及一些交互功能。如 VMware Tools 提供了共享剪贴板功能，可在虚拟机与物理机之间快速移动或复制文件。

　　安装前要选定虚拟机，然后在 VMware Workstation Pro 主窗口中的"虚拟机"菜单下选择"安装 VMware Tools"命令。在 Windows Server 2012 R2 中，需要先下载并安装更新程序，然后方可安装 VMware Tools。

任务拓展

安装网络操作系统，了解与网络安全等级保护有关的法律法规。

① 创建支持 Windows Server 2012 R2 的虚拟机，选择"服务器核心安装"方式的 Datacenter 版。

② 创建虚拟机并使用 VMware Workstation Pro 自带的"简易安装"功能安装 Windows Server 2012 R2 操作系统。

③ 上网搜索并学习《中华人民共和国网络安全法》。

④ 上网搜索并学习《信息安全技术网络安全等级保护基本要求》（GB/T 22239—2019）的主要内容，了解 5 个不同等级的基本保护要求。

任务 1.4　设置 Windows Server 2012 R2 桌面与网络环境

任务描述

王老师已经在实训室的虚拟机上安装了 Windows Server 2012 R2 网络操作系统，需要在正式投入使用之前进行一些基本设置，更改计算机的名称、设置 TCP/IP 协议参数，此外还需要关闭 Internet Explorer 增强的安全配置使其能正常浏览网站。

任务实施

1.4.1　修改计算机名及工作组

步骤 1：单击桌面左下角"服务器管理器"图标，打开"服务器管理器"窗口，如图 1-4-1 所示。

图 1-4-1　打开"服务器管理器"窗口

步骤 2：在"服务器管理器"窗口中，单击左侧窗格中的"本地服务器"选项，单击

"计算机名"后面的计算机名（本任务为"WIN-Q3QL23HBBVO"）链接，如图 1-4-2 所示。

步骤 3：在弹出的"系统属性"对话框的"计算机名"选项卡中单击"更改"按钮，如图 1-4-3 所示。

图 1-4-2　本地服务器属性　　　　　　图 1-4-3　"计算机名"选项卡

步骤 4：在"计算机名 / 域更改"对话框中输入新的计算机名，本任务为"server1"，选中"工作组"单选按钮并输入工作组名称"HAOHAI"，然后单击"确定"按钮，如图 1-4-4 所示。在"欢迎加入 HAOHAI 工作组。"提示框中单击"确定"按钮，如图 1-4-5 所示。

图 1-4-4　修改计算机名及工作组　　　　图 1-4-5　加入工作组提示

知识链接

　　为更好地组织和管理网络中的计算机、共享资源，需要设置计算机隶属的"域"或"工作组"。

　　工作组，是由通过网络连接在一起的多台计算机组成的逻辑分组，它们将计算机内的资源（例如，文件与打印机）共享给其他用户访问。工作组网络也被称为对等式网络，资源与管理是分散在各个计算机上的，用户可自行更改计算机所在工作组。

　　域，是由域控制器统一组织、管理多台计算机的系统架构。与工作组不同的是，域内所有的计算机共享一个存放在域控制器上的集中式目录数据库。该数据库包含整个域内的用户账户、资源的位置。计算机加入或退出域，都要使用具有域管理权限的用户进行操作。

　　步骤 5：在"必须重新启动计算机才能应用这些更改"提示框中单击"确定"按钮，如图 1-4-6 所示。

　　步骤 6：返回"系统属性"对话框后单击"关闭"按钮，如图 1-4-7 所示。

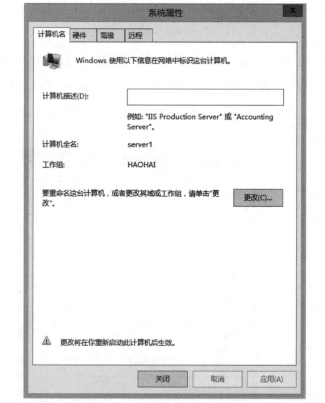

图 1-4-6　重新启动提示　　　　　　图 1-4-7　"系统属性"对话框

　　步骤 7：在"必须重新启动计算机才能应用这些更改"提示框中单击"立即重新启动"按钮，如图 1-4-8 所示。重新启动计算机后，再次打开"服务器管理器"窗口，单击"本地服务器"选项，即可查看修改后的计算机名。

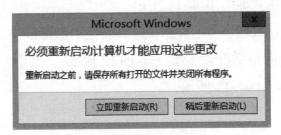

图 1-4-8　重新启动提示

1.4.2　设置 IP 地址

步骤 1：在"本地服务器"窗口中，单击"Ethernet0"后的"由 DHCP 分配的 IPv4 地址，IPv6 已启用"链接，如图 1-4-9 所示。

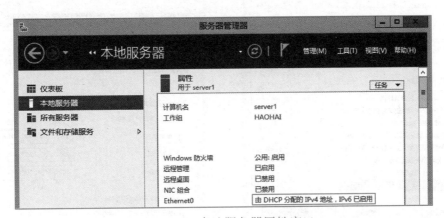

图 1-4-9　本地服务器属性窗口

步骤 2：打开"网络连接"窗口，在当前的网络适配器"Ethernet0"上右击，在弹出的快捷菜单中选择"属性"命令，如图 1-4-10 所示。

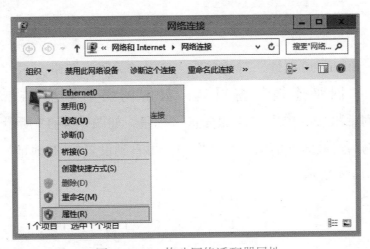

图 1-4-10　修改网络适配器属性

步骤 3：在"Ethernet0 属性"对话框中，勾选"Internet 协议版本 4（TCP/IPv4）"复选框，然后单击"属性"按钮，如图 1-4-11 所示。

步骤 4：在"Internet 协议版本 4（TCP/IPv4）属性"对话框中，选中"使用下面的 IP 地址"单选按钮，然后根据网络情况设置服务器的 IP 地址、子网掩码、默认网关，设置完成后单击"确定"按钮，如图 1-4-12 所示。

经验分享

从物理机切换到虚拟机后，如无法在虚拟机中使用键盘数字键区，则需要检查 NumLock（或 Num）键状态，确认开启了数字键的输入功能。

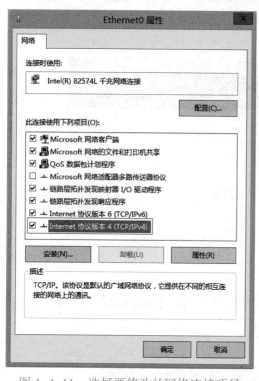

图 1-4-11　选择要修改的网络连接项目

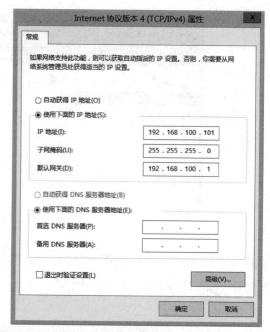

图 1-4-12　手动设置 IP 地址

步骤 5：返回"Ethernet0 属性"对话框后，单击"关闭"按钮。

步骤 6：返回"网络连接"窗口后，双击网络适配器"Ethernet0"图标，在"Ethernet0 状态"对话框中，单击"详细信息"按钮，如图 1-4-13 所示。

步骤 7：在"网络连接详细信息"对话框中，可看到设置的 IP 地址、子网掩码、默认网关已生效，如图 1-4-14 所示。

图 1-4-13 网络适配器状态 　　　　　　　图 1-4-14 查看 IP 地址等信息

1.4.3 关闭 IE 增强的安全配置

步骤 1：打开 Internet Explorer 浏览器，可看到 "Internet Explorer 增强的安全配置已启用"的提示，如图 1-4-15 所示。

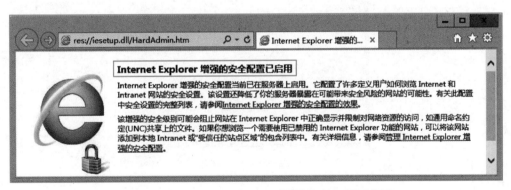

图 1-4-15 Internet Explorer 增强的安全配置提示

经验分享

　　Internet Explorer 增强的安全配置，是 Windows Server 2012 R2 等系统为保障服务器的安全而默认启用的设置，用以减少使用当前服务器上的 Internet Explorer 浏览器访问网站时可能出现的服务器暴露、用户访问网站时需要在提示框中添加对网站的信任等问题。若仅用 Internet Explorer 测试服务器自身发布的网站则可关闭该设置。

步骤 2 : 在"服务器管理器"窗口中单击"IE 增强的安全配置"后的"启用"链接,如图 1-4-16 所示。

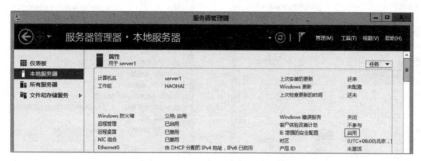

图 1-4-16　单击"启用"链接

步骤 3 : 在"Internet Explorer 增强的安全配置"对话框中,分别在"管理员"和"用户"组中选中"关闭"单选按钮,然后单击"确定"按钮,如图 1-4-17 所示。

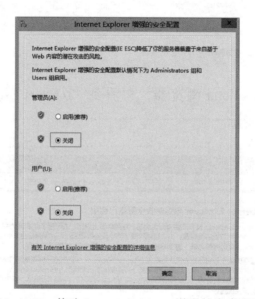

图 1-4-17　修改 Internet Explorer 增强的安全配置

步骤 4 : 返回"本地服务器"窗口,可以看到"IE 增强的安全配置"为"关闭"状态,如图 1-4-18 所示。

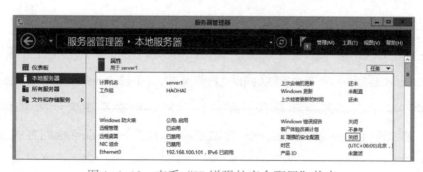

图 1-4-18　查看"IE 增强的安全配置"状态

 操作提示

　　若已经修改了"本地服务器"的"属性"信息，但在上述窗口中没有正确显示，可按 F5 键刷新或者重新打开此窗口，如仍未正确显示，需进一步确认该设置是否需要重新启动计算机才能生效。

　　步骤 5：设置完毕后再次打开 Internet Explorer 浏览器，若有"警告：Internet Explorer 增强的安全配置未启用"的提示信息即表明已经关闭该设置，如图 1-4-19 所示。

图 1-4-19　已关闭"Internet Explorer 增强的安全配置"

任务 1.5　管理虚拟机

 任务描述

　　王老师需要对实训室中的虚拟机环境进行可用性测试，在 VMware Workstation 平台中模拟学生打开、关闭、挂起、恢复虚拟机，使用快照保存虚拟机进度，以及克隆、删除、修改虚拟机等常见操作。

 任务实施

1.5.1　打开虚拟机

　　步骤 1：打开 VMware Workstation 主窗口的"主页"选项卡，单击"打开虚拟机"按钮。

　　步骤 2：在"打开"对话框中，浏览虚拟机的存储位置并选择虚拟机的配置文件，在本任务中，选择"server1.vmx"，然后单击"打开"按钮，如图 1-5-1 所示。

图 1-5-1   浏览虚拟机存储位置

知识链接

在虚拟机存储位置下，存储了有关该虚拟机的所有文件或文件夹，在 VMware Workstation 中，常见的文件扩展名及相应文件的作用见表 1-5-1。

表 1-5-1   常见 VMware Workstation 虚拟机文件扩展名及相应文件作用

文件扩展名	文件作用
.vmx	虚拟机配置文件，存储虚拟机的硬件及设置信息，运行此文件即可显示该虚拟机的配置信息
.vmdk	虚拟磁盘文件，存储虚拟机磁盘里的内容
.nvram	存储虚拟机 BIOS 状态信息
.vmsd	存储虚拟机快照相关信息
.log	存储虚拟机运行信息，常用于对虚拟机进行故障诊断
.vmss	存储虚拟机挂起状态信息

步骤 3：返回 VMware Workstation 主窗口，单击"server1"选项卡，单击"开启此虚拟机"按钮，如图 1-5-2 所示。

图 1-5-2   打开虚拟机

1.5.2　关闭虚拟机

步骤 1：在虚拟机所安装的操作系统中关闭虚拟机。本任务以安装有 Windows Server 2012 R2 的虚拟机为例，在桌面右击"开始"按钮（桌面左下角的 Windows 图标），在弹出的快捷菜单中选择"关机或注销"→"关机"命令，如图 1-5-3 所示。

步骤 2：在弹出的对话框中选择关机原因，然后单击"继续"按钮完成关机操作，如图 1-5-4 所示。

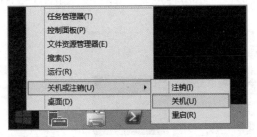
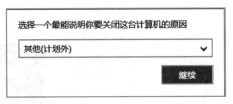

图 1-5-3　在 Windows Server 2012 R2 系统中关机　　　　图 1-5-4　选择关机原因

步骤 3：当出现因虚拟机内操作系统蓝屏、死机等异常情况无法正常关闭虚拟机时，可在 VMware Workstation 主窗口中单击"挂起"按钮（两个橙色的竖线）后的下三角按钮，在弹出的菜单中选择"关闭客户机"或"关机"命令，如图 1-5-5 所示。

图 1-5-5　"关闭客户机"或"关机"

> **经验分享**
>
> "关闭客户机"为软电源操作，VMware Workstation Pro 向虚拟机内的操作系统发出关机信号，操作系统收到信号并进行正常关机。
>
> "关机"为硬电源操作，VMware Workstation Pro 强行关闭虚拟机，不考虑虚拟机操作系统的运行状态，相当于直接切断虚拟机的电源。如"关闭客户机"命令无法关闭虚拟机，则可使用"关机"命令。
>
> 为避免数据丢失，建议优先使用虚拟机操作系统内部命令进行关机，"关闭客户机"

作为备选，"关机"作为最后选择。若虚拟机异常关闭后出现无法打开的现象，可尝试删除虚拟机存储目录下所有以".lck"为扩展名的文件和文件夹。

1.5.3 挂起与恢复运行虚拟机

步骤1：如需挂起虚拟机，可在 VMware Workstation 主窗口中单击"挂起"按钮，或单击"挂起"按钮后的下三角按钮，在弹出的菜单中选择"挂起客户机"命令，如图1-5-6所示。

图1-5-6 挂起虚拟机

📖 **经验分享**

VMware Workstation Pro 支持挂起虚拟机，即保存虚拟机的当前状态，虚拟机将暂停运行。"挂起客户机"为软电源操作，VMware Workstation Pro 将挂起虚拟机并断开其网络连接。"挂起"为硬电源操作，VMware Workstation Pro 将挂起虚拟机并使之保持网络连接。建议优先使用"挂起客户机"命令，若无效再选择"挂起"命令。

步骤2：继续运行已挂起的虚拟机，可以在 VMware Workstation 主窗口中打开该虚拟机标签，单击"继续运行此虚拟机"按钮，如图1-5-7所示。

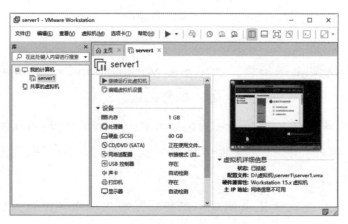

图1-5-7 继续运行虚拟机

1.5.4　保存与使用虚拟机快照

步骤 1：在 VMware Workstation 主窗口中单击"拍摄此虚拟机的快照"按钮（左下角带有加号的时钟图标），如图 1-5-8 所示。

> **知识链接**
>
> 拍摄，是指保留虚拟机指定时刻状态（快照）。快照的内容包括虚拟机内存、虚拟磁盘状态等信息。通过拍摄快照，可恢复到虚拟机特定时刻的运行状态，适用于有反复操作或软件测试等需求的环境。虚拟机在开启、关机或挂起状态时均可拍摄快照。

步骤 2：在"server1- 拍摄快照"对话框中输入快照名称以及描述信息，本任务使用"初始桌面"作为快照名称，以拍摄快照的日期作为描述信息，然后单击"拍摄快照"按钮，如图 1-5-9 所示。

图 1-5-8　拍摄虚拟机快照

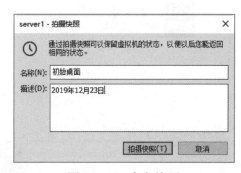

图 1-5-9　命名快照

步骤 3：测试快照。在桌面新建文本文件"网络组会议通知"，并为该虚拟机拍摄快照，本任务使用"桌面上有文件"作为快照名称，如图 1-5-10 所示。

图 1-5-10　拍摄快照

步骤 4：在 VMware Workstation 主窗口中单击"管理此虚拟机的快照"按钮（左下角带

有扳手的时钟图标），如图 1-5-11 所示。

图 1-5-11 管理快照

步骤 5：在"server1- 快照管理器"对话框中，选择快照"初始桌面"，然后单击"转到"按钮，如图 1-5-12 所示。

步骤 6：在弹出的对话框中可看到"恢复此快照后，当前状态将丢失。要恢复'初始桌面'吗？"的提示信息，单击"是"按钮，如图 1-5-13 所示。

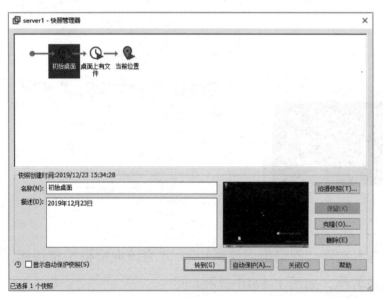

图 1-5-12 恢复到指定快照

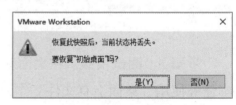

图 1-5-13 恢复快照确认提示

步骤 7：恢复快照"初始桌面"后，可看到桌面上的文件"网络组会议通知"已消失，表明系统已恢复到快照"初始桌面"拍摄时的状态，如图 1-5-14 所示。

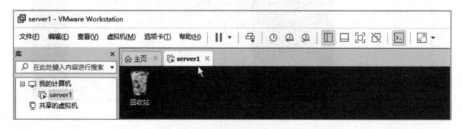

图 1-5-14 恢复到指定快照后的系统状态

1.5.5　克隆虚拟机

步骤 1：在 VMware Workstation 主窗口中，单击克隆源虚拟机的选项，然后单击"虚拟机"菜单，依次选择"管理"→"克隆"命令，如图 1-5-15 所示。

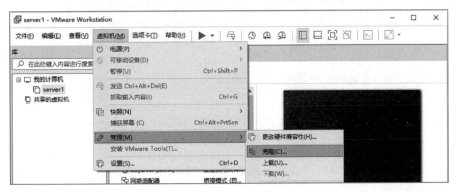

图 1-5-15　对指定虚拟机进行克隆

操作提示

在对虚拟机进行克隆之前，应先关闭该虚拟机。

步骤 2：在"克隆虚拟机向导"对话框中单击"下一步"按钮，如图 1-5-16 所示。

步骤 3：在"克隆源"界面中，选择克隆源，本任务采用默认选项"虚拟机中的当前状态"，单击"下一步"按钮，如图 1-5-17 所示。

图 1-5-16　"克隆虚拟机向导"对话框

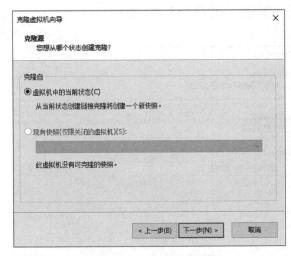

图 1-5-17　选择克隆源

步骤 4：在"克隆类型"界面中选中"创建完整克隆"单选按钮，然后单击"下一步"按钮，如图 1-5-18 所示。

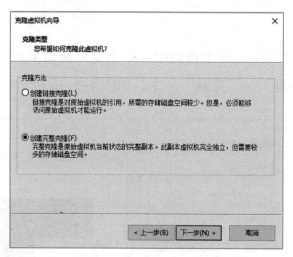

图1-5-18　选择克隆类型

📖 **经验分享**

如物理机有足够的剩余磁盘空间，推荐使用"创建完整克隆"方式，克隆后的虚拟机可以独立运行。虽然"创建链接克隆"方式可节约磁盘空间，但具有一定风险，如克隆的源虚拟机一旦无法运行，则克隆出的虚拟机也将无法打开。

步骤5：在"新虚拟机名称"界面中输入新虚拟机的名称，此处采用默认的"server1的克隆"，然后单击"完成"按钮，如图1-5-19所示。

步骤6：接下来会弹出"正在克隆虚拟机"界面显示克隆进度，克隆完成后单击"关闭"按钮，如图1-5-20所示。

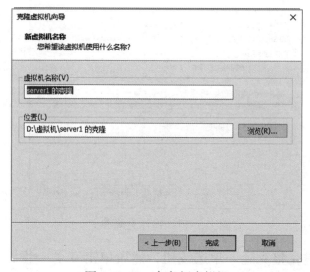

图1-5-19　命名新虚拟机

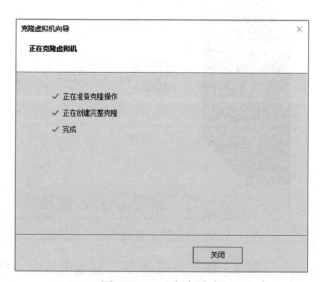

图1-5-20　克隆进度

1.5.6　删除虚拟机

步骤 1：选择要删除的虚拟机，如本任务单击"server1 的克隆"选项，然后单击"虚拟机"菜单，依次选择"管理"→"从磁盘中删除"命令，如图 1-5-21 所示。

图 1-5-21　删除虚拟机

步骤 2：在弹出的警告提示框中，单击"是"按钮，如图 1-5-22 所示。

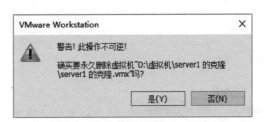

图 1-5-22　确认删除虚拟机

操作提示

　　使用"从磁盘中删除"命令，会删除虚拟机物理路径下的所有文件。如果在左侧窗格的虚拟机列表中删除，则只是删除了列表项目，而不会删除虚拟机物理路径下的任何文件。

1.5.7　修改虚拟机硬件设置

　　在使用虚拟机的过程中，可按需对虚拟机的部分硬件参数进行修改，如内存大小、CPU个数、网络适配器的连接方式等，操作方法大同小异。本任务以设置网络连接方式为例，将一台虚拟机的网络适配器由"NAT 模式"修改为"桥接模式"。

　　步骤 1：右击要修改硬件的虚拟机选项卡，在弹出的快捷菜单中选择"设置"命令，如图 1-5-23 所示。

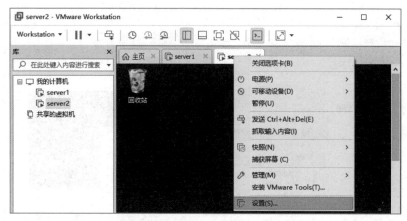

图 1-5-23　修改虚拟机硬件设置

　　步骤 2：在"虚拟机设置"对话框的"硬件"选项卡中，选择"网络适配器"选项，然后修改网络连接类型为"桥接模式（B）：直接连接物理网络"，再单击"确定"按钮，如图 1-5-24 所示。

图 1-5-24　修改网络适配器设置

操作提示

在使用虚拟机的过程中，如需要加载或更换光盘映像文件，建议将"CD/DVD（SATA）"的"设备状态"设置为"已连接"和"启动时连接"。

任务 1.6 设置 Windows 防火墙

**任务描述**

浩海职业学校的实训室投入使用后，需要承载服务器配置类、网络设备管理类等多种课程，有些课程需要借助虚拟机来搭建可连通的网络环境。Windows Server 2012 R2 系统默认开启了防火墙，拒绝其他计算机使用 ping 等命令测试连通性。王老师使用两台安装有 Windows Server 2012 R2 系统的虚拟机，分别测试开启、关闭防火墙时 ping 命令的执行效果，并尝试设置防火墙规则，如图 1-6-1 所示。

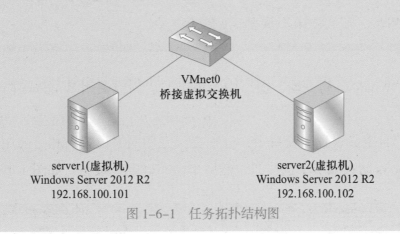

图 1-6-1 任务拓扑结构图

**任务实施**

1.6.1 关闭 server2 防火墙

步骤 1：进入 server2 桌面，在"服务器管理器"的"本地服务器"窗口中，单击"Windows 防火墙"后的"公用：启用"链接，如图 1-6-2 所示。

图 1-6-2　本地服务器属性

知识链接

　　防火墙是一种隔离内部网络和外部网络的安全技术，将其所连接的不同网络划分为多个安全域，如信任区域（Trust zone，常用来定义内部网络）、非信任区域（Untrust zone，常用来定义外部网络）、隔离区（Demilitarized zone，也称为 DMZ，常用来定义内部服务器所在网络），并通过在安全域之间设置访问规则（也称为安全策略）保护网络及计算机。

　　防火墙可以是硬件也可以是软件。Windows 防火墙是运行在 Windows 操作系统的组件，默认为启用状态，用来阻止所有未在允许规则中的传入连接（入站）。关闭 Windows 防火墙后，则允许任意的传入连接（入站）。

　　步骤 2：在"Windows 防火墙"窗口中，单击"启用或关闭 Windows 防火墙"链接，如图 1-6-3 所示。

　　步骤 3：在"自定义设置"窗口中，分别在"专用网络设置"和"公用网络设置"组中选中"关闭 Windows 防火墙"单选按钮，然后单击"确定"按钮，如图 1-6-4 所示。

图 1-6-3　"Windows 防火墙"窗口

图 1-6-4　关闭防火墙

步骤 4：刷新"服务器管理器"窗口，可看到服务器 server2 的防火墙已经关闭。

1.6.2 测试由 server1 到 server2 的连通性

步骤 1：进入 server1 桌面，右击"开始"按钮，在弹出的快捷菜单中选择"运行"命令，如图 1-6-5 所示。

操作提示

按 Windows 徽标＋R 组合键可快速打开"运行"对话框。

步骤 2：在"运行"对话框中的"打开"文本框中输入"cmd"，单击"确定"按钮，如图 1-6-6 所示。

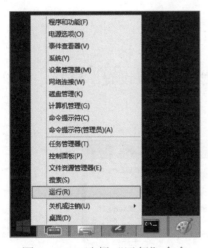 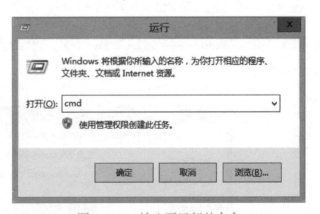

图 1-6-5　选择"运行"命令　　　　　图 1-6-6　输入要运行的命令

步骤 3：在命令提示符窗口中输入命令"ping 192.168.100.102"并按 Enter 键，从回显结果中可看到从 server1 到 server2 处于连通状态，如图 1-6-7 所示。

图 1-6-7　ping 命令的连通结果显示

1.6.3　测试由 server2 到 server1 的连通性

在 server2 上重复以上操作，测试由 server2 到 server1 的连通性，结果为"请求超时。"如图 1-6-8 所示。因为 server1 默认开启了 Windows 防火墙，其默认的入站规则阻止了外部主机的 ICMP 回显请求。

图 1-6-8　ping 命令请求超时

1.6.4　在 server1 的入站规则中开启 ICMP 回显

步骤 1：在"Windows 防火墙"窗口中，单击左侧的"高级设置"链接，如图 1-6-9 所示。

图 1-6-9　Windows 防火墙设置窗口

步骤 2：在"高级安全 Windows 防火墙"窗口中，单击左侧窗格中的"入站规则"选项。然后在右侧"入站规则"列表框中右击"文件和打印机共享（回显请求 –ICMPv4-In）"，在弹出的快捷菜单中选择"启用规则"命令，如图 1-6-10 所示。

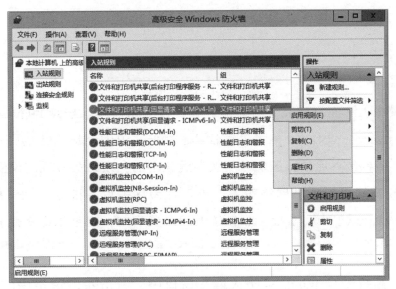

图 1-6-10　启用回显请求

知识链接

ICMP（Internet Control Message Protocol，Internet 控制消息协议）用于在主机和具有路由功能的设备之间传递控制消息。在 Windows 系统中，测试连通性的 ping 命令及跟踪路由的 tracert 命令都是通过 ICMP 协议实现的。不同 ICMP 报文的数据类型（Type）表示含义也不同，使用较多的有回显请求（Type=8）和回显应答（Type=0）。ICMPv4-In 表示外部主机向本地计算机 IPv4 地址发起的回显请求。

1.6.5　再次测试由 server2 到 server1 的连通性

在 server2 上，再次测试到 server1 的连通性，结果如图 1-6-11 所示，可看到由 server2 到 server1 能够连通。

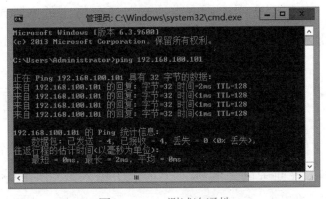

图 1-6-11　测试连通性

1.6.6　在 server1 上建立用于远程桌面连接的入站规则

经验分享

　　在工作场景中，除在初始配置时为服务器连接显示器外，后续的管理一般采用远程方式。Windows Server 2012 R2 提供了远程桌面功能，但由于默认的 Windows 防火墙规则阻止了远程桌面的传入连接，因此若要使用远程桌面，须将对应规则设置为允许。

　　若一台服务器仅用来提供网络服务，而不作为网关设备使用，则一般只设置入站规则。在设置 Windows 防火墙时，可直接使用内置规则，也可按需建立自定义规则。

　　步骤 1：在"高级安全 Windows 防火墙"窗口中，右击左侧窗格中的"入站规则"选项，在弹出的快捷菜单中选择"新建规则"命令，如图 1-6-12 所示。

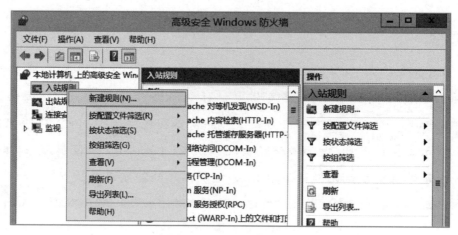

图 1-6-12　新建规则

　　步骤 2：进入"新建入站规则向导"对话框后，在"规则类型"界面中，选中"端口"单选按钮，然后单击"下一步"按钮，如图 1-6-13 所示。

　　步骤 3：在"协议和端口"界面中，在"此规则应用于 TCP 还是 UDP？"组中选中"TCP"单选按钮，在"此规则应用于所有本地端口还是特定的本地端口？"组中选中"特定本地端口"单选按钮，并在文本框中输入端口号"3389"，然后单击"下一步"按钮，如图 1-6-14 所示。

　　步骤 4：在"操作"界面中，选中"允许连接"单选按钮，然后单击"下一步"按钮，如图 1-6-15 所示。

　　步骤 5：在"配置文件"界面中采用默认选项，单击"下一步"按钮，如图 1-6-16 所示。

　　步骤 6：在"名称"界面中的"名称"文本框中输入该规则的名称"允许远程桌面"，然后单击"完成"按钮，如图 1-6-17 所示。

步骤 7：返回"高级安全 Windows 防火墙"窗口后，可看到名称为"允许远程桌面"的入站规则已生效，如图 1-6-18 所示。

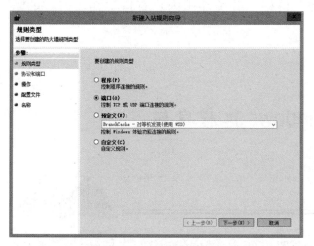

图 1-6-13 选择规则类型

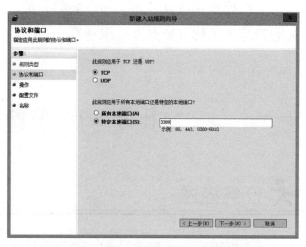

图 1-6-14 输入规则匹配的协议和端口

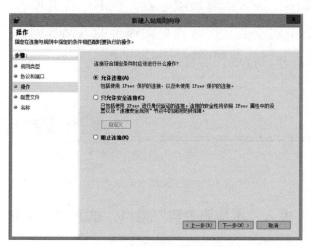

图 1-6-15 选择符合规则时的操作策略

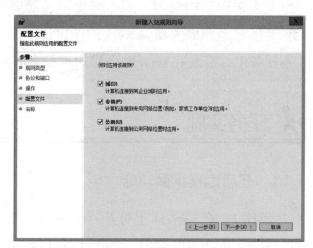

图 1-6-16 指定规则应用的配置文件

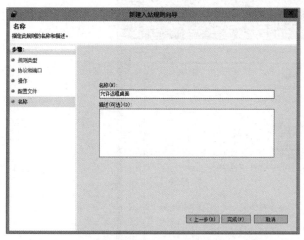

图 1-6-17 指定规则名称

图 1-6-18 入站规则列表

任务拓展

上网搜索主流硬件防火墙产品的分类、品牌、价格，并关注国内具有自主知识产权的防火墙产品，了解其特点及应用场景。

任务 1.7　配置 Windows 远程桌面

任务描述

一般情况下，管理员需要为服务器连接显示器以便完成初始配置，但后续的管理工作大多采用带内管理方式，即使用远程桌面或 SSH 等方式管理服务器。在上一任务中，王老师已经在服务器 server1 的 Windows 防火墙中建立了允许远程桌面连接的入站规则。本任务中，需要在 server1 上启用远程桌面功能，并进行远程管理的测试工作。

任务实施

1.7.1　开启远程桌面功能

步骤 1：在 server1 上打开"服务器管理器"，进入"本地服务器"窗口，单击"远程桌面"后的"已禁用"链接，如图 1-7-1 所示。

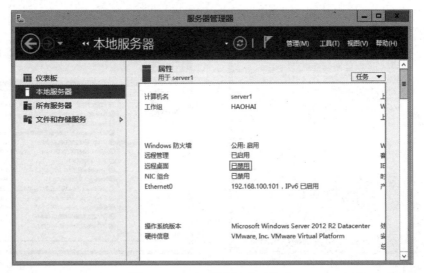

图 1-7-1　查看远程桌面状态

步骤 2：在"系统属性"对话框的"远程"选项卡中，在"远程桌面"组中选中"允许远程连接到此计算机"单选按钮，如需要指定远程桌面用户则单击"选择用户"按钮，如图 1-7-2 所示。

步骤 3：在"远程桌面用户"对话框中，可单击"添加"按钮选择允许远程桌面连接的用户，默认管理员组都可以进行远程连接，本任务中 Administrator 用户已具有远程访问权限，因此直接单击"确定"按钮，如图 1-7-3 所示。

图 1-7-2　允许远程连接到此计算机

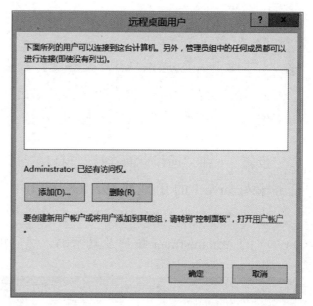

图 1-7-3　设置桌面用户

步骤 4：返回"系统属性"对话框后单击"确定"按钮。至此，已开启 server1 的远程桌面功能。

1.7.2　在 server2 上对 server1 进行远程管理

本任务以 server2 作为远程桌面客户端对 server1 进行远程管理。

步骤 1：在 server2 的桌面单击"开始"按钮，在弹出的管理界面中单击底部的"⊙"按钮，如图 1-7-4 所示。

步骤 2：在"应用"界面中单击"远程桌面连接"图标，如图 1-7-5 所示。

图 1-7-4　打开"开始"菜单　　　　　　　　　图 1-7-5　"应用"界面

经验分享

可按 Windows 徽标 +R 组合键打开"运行"对话框，输入"mstsc"或"mstsc.exe"命令并按 Enter 键，快速打开"远程桌面连接"窗口。

步骤 3：在"远程桌面连接"窗口的"计算机"文本框中输入远程计算机的 IP 地址，本任务输入 server1 的 IP 地址 192.168.100.101，然后单击"连接"按钮，如图 1-7-6 所示。

步骤 4：在弹出的"Windows 安全"对话框中输入用于远程连接的凭据，此处输入 server1 的 Administrator 账户及其密码，然后单击"确定"按钮，如图 1-7-7 所示。

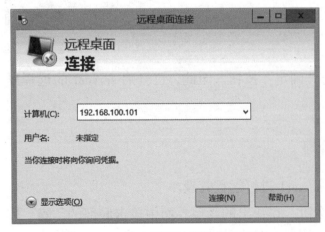

图 1-7-6　输入远程计算机的 IP 地址　　　　图 1-7-7　输入用于远程访问的凭据

步骤 5：在弹出的警告对话框中单击"是"按钮，如图 1-7-8 所示。

步骤 6：连接成功后，客户端的"远程桌面连接"窗口中会显示远程计算机的桌面，可按需进行后续的管理工作，如图 1-7-9 所示。

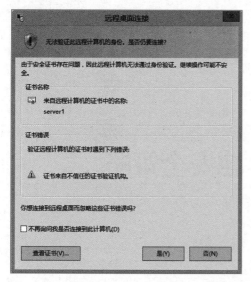

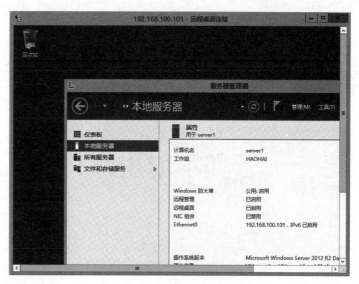

图 1-7-8　远程桌面连接的证书安全提示　　　　　　图 1-7-9　远程桌面连接成功

经验分享

　　Windows Server 2012 R2 的远程桌面服务会借助证书服务增加安全性。如客户端和服务器端（远程计算机）在同一 Active Directory 域环境中，则会自动信任企业根证书颁发机构。在一般情况下，由于服务器端（远程计算机）的证书是自签名证书，客户端默认不信任该证书，此时可选择忽略证书错误，也可添加对证书的信任或设置不显示警告。

任务拓展

　　启用 Windows Server 2012 R2 服务器的远程桌面，允许客户端使用 manager 账户访问远程服务器。

管理本地用户、组、本地安全策略

Windows Server 操作系统允许多个用户同时登录服务器，可通过管理用户账户、组的方式限制用户的访问权限。用户是登录服务器或计算机的最小身份单位，每个用户都包含了用户名和密码，用于验证用户的身份。在 Windows 系统中，用户使用唯一的安全标识符（Security Identifier, SID）来区分用户身份、记录权限，对用户进行"重命名"操作并不会改变其安全标识符。Windows Server 2012 R2 系统默认内置并使用 Administrator 账户作为管理员，不能删除此账户，但可以进行重命名。组是用户的逻辑集合，使用组来对具有相同权限要求的用户进行管理。一个组可以有多个用户作为成员，一个用户也可隶属于多个组。

信息系统的安全防护既要考虑整体，也要对单台计算机或服务器进行安全设置。在工作组环境下，当用户登录 Windows Server 2012 R2 系统时，就会受到本地安全策略的影响，可通过设置安全策略来增加服务器的安全性。

项目描述

浩海职业学校为满足计算机网络技术、网站建设与管理两个专业学生的实训需求，已在实训室计算机上安装了 Windows Server 2012 R2 系统。根据该校教学工作安排，每台计算机都会有 2 位老师和 4 名学生使用，需要在实训室的计算机上为他们创建用户账户。

依据上述需求，需要在每台计算机上创建 6 个用户账户，其中两个供教师使用，可命名为 admin1 和 admin2；4 个账户供学生使用，每个专业创建两个，计算机网络技术专业学生用账户为 wangluo1 和 wangluo2，网站建设与管理专业学生用账户为 wangzhan1 和 wangzhan2。用户账户创建完成后需设置初始密码，以便用户登录时修改为自己的密码。实训室管理老师保留系统管理员用户 Administrator 的使用权限，以便在需要时为其他用户重置密码。

能力素质

- 理解用户、组的基本概念；
- 能创建用户，并将用户加入组；
- 能使用本地用户账户登录服务器；
- 能够修改密码策略；
- 能指定特定的用户、组关闭计算机；
- 增强信息系统安全意识，能对用户账户进行必要安全设置；
- 锻炼统筹规划、交流沟通、独立思考能力，能依据项目需求合理规划用户、组、安全策略。

任务 2.1　创建与管理本地用户、组

任务描述

浩海职业学校实训室的计算机中已经安装了 Windows Server 2012 R2，管理员王老师要依据教学部门的需求，创建 6 个用户，并创建对应的组，见表 2-1-1。

表 2-1-1　计算机用户账户分配表

使用对象	用户账户	组
计算机网络技术专业学生	wangluo1、wangluo2	group-wl
网站建设与管理专业学生	wangzhan1、wangzhan2	group-wz
教师	admin1、admin2	Administrators

任务实施

2.1.1　创建本地用户

步骤 1：在"服务器管理器"窗口中单击"工具"菜单，在弹出的快捷菜单中选择"计算机管理"命令，如图 2-1-1 所示。

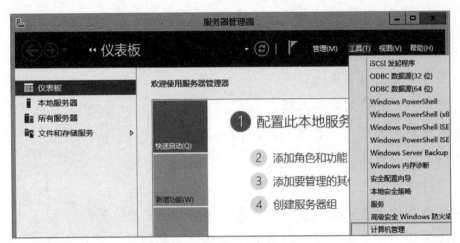

图 2-1-1　单击"工具"菜单

步骤 2：在"计算机管理"窗口中，依次展开"系统工具"→"本地用户和组"节点，右击"用户"选项，在弹出的快捷菜单中选择"新用户"命令，如图 2-1-2 所示。

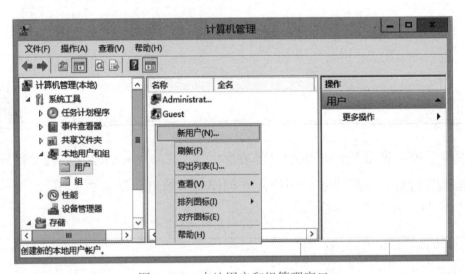

图 2-1-2　本地用户和组管理窗口

知识链接

"本地用户和组"是 Windows 中的一个管理工具，位于"计算机管理"窗口中，可使用这个管理工具来管理本地计算机的用户、组，进而分配相应的权限。

步骤 3：在"新用户"对话框中，依次输入用户名、描述信息，并输入两遍密码。此处以 admin1 为例，信息填写完毕后单击"创建"按钮，如图 2-1-3 所示。

图 2-1-3 输入新用户信息

经验分享

　　此处创建的用户用于服务器本地登录。在后续任务学习或实际应用中，如需在 Windows Server 系统中创建用于网络服务登录的用户，则建议取消勾选"用户下次登录时须更改密码"复选框，原因是很多客户端登录窗口并无修改密码的选项。如不希望用户自行更改密码，则可以勾选"用户不能更改密码"复选框。

　　步骤 4：参考上述步骤创建用户账户 admin2、wangluo1、wangluo2、wangzhan1、wangzhan2，并勾选"用户不能更改密码"和"密码永不过期"复选框，创建完成后的用户账户列表如图 2-1-4 所示。

图 2-1-4 创建完毕后的用户账户列表

2.1.2　向现有组中添加用户

步骤 1：在"计算机管理"窗口中，依次展开"系统工具"→"本地用户和组"节点，单击"组"选项，然后右击"Administrators"组，在弹出的快捷菜单中选择"属性"命令，如图 2-1-5 所示。

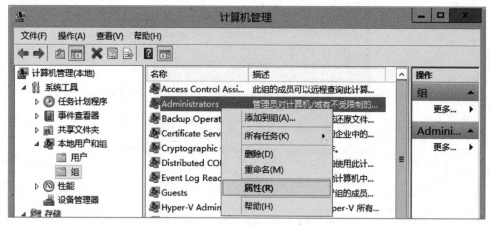

图 2-1-5　本地用户和组管理窗口

步骤 2：在"Administrators 属性"对话框中，单击"添加"按钮，如图 2-1-6 所示。

步骤 3：在"选择用户"对话框中单击"高级"按钮，如图 2-1-7 所示。

图 2-1-6　Administrators 属性

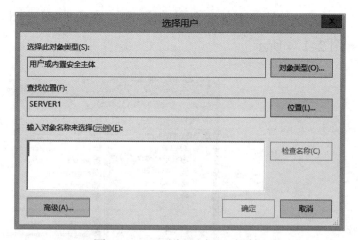

图 2-1-7　"选择用户"对话框

步骤 4：单击"立即查找"按钮，在"搜索结果"列表框中选择用户 admin1、admin2，然后单击"确定"按钮，如图 2-1-8 所示。

图 2-1-8   选择用户 admin1、admin2

步骤 5：返回图 2-1-7 所示的对话框后单击"确定"按钮，如图 2-1-9 所示。

步骤 6：返回"Administrators 属性"对话框后，可看到其成员已经包含了 admin1、admin2，然后单击"确定"按钮，如图 2-1-10 所示。

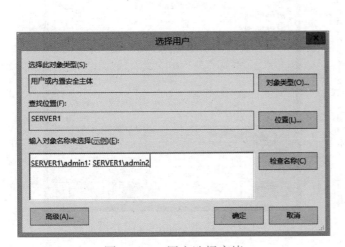

图 2-1-9   用户选择完毕

图 2-1-10   向内置组中添加成员

2.1.3   新建组

步骤 1：在"计算机管理"窗口中，依次展开"系统工具"→"本地用户和组"节点，右击"组"选项，在弹出的快捷菜单中选择"新建组"命令，如图 2-1-11 所示。

图 2-1-11　选择"新建组"命令

　　步骤 2：在"新建组"对话框中，输入组名"group-wl"，然后单击"添加"按钮，将用户 wangluo1 和 wangluo2 添加至该组，然后单击"创建"按钮，如图 2-1-12 所示。

　　步骤 3：使用上述方法新建组 group-wz，并添加用户 wangzhan1 和 wangzhan2，如图 2-1-13 所示。

图 2-1-12　新建 group-wl 组并添加成员

图 2-1-13　新建 group-wz 组并添加成员

📖 **经验分享**

　　修改用户与组的关系有两种方式：一种是如上述步骤在"组"的属性中添加或删除"成员"，另外一种是在"用户"的属性中修改"隶属于"的组。

2.1.4　使用 admin1 用户账户登录系统

步骤 1：在 Windows Server 2012 R2 用户登录窗口中选择用户 admin1，如图 2-1-14 所示。

图 2-1-14　选择要登录的用户

操作提示

如上述步骤之前已有其他用户登录，可注销已有用户的登录，操作步骤为在桌面右击"开始"按钮，在弹出的快捷菜单中选择"关机或注销"→"注销"命令。若只是切换登录用户，按 Ctrl+Alt+Delete 组合键（在 VMware Workstation Pro 虚拟机中则按 Ctrl+Alt+Insert 组合键）后选择"切换用户"选项进入用户选择窗口。

步骤 2：输入对应密码后，按 Enter 键或单击右侧的"→"按钮，如图 2-1-15 所示。

步骤 3：由于创建用户时使用了默认的"用户下次登录时须更改密码"设置，因此此处在出现"在登录之前，必须更改用户的密码"提示后需要单击"确定"按钮，如图 2-1-16 所示。

图 2-1-15　输入用户密码

图 2-1-16　修改密码提示

步骤 4：输入两次新密码后，按 Enter 键或单击"→"按钮。

步骤 5：在出现"你的密码已更改"提示后单击"确定"按钮。

步骤 6：登录后即可看到 admin1 的桌面环境，也可以在"开始"菜单中进一步查看当前登录的用户，如图 2-1-17 所示。

图 2-1-17　查看当前登录用户

相关知识

1. 用户密码的选项效果及其适用场景

创建用户时，密码选项的作用见表 2-1-2。

表 2-1-2　用户密码选项及作用

选项	作用	适用场景
用户下次登录时须更改密码	用户下次登录时必须更改一个新的密码才能够正常登录，否则系统将拒绝用户登录	适用于需要个人桌面和权限的环境，如为一个企业中的员工分配用户账户，员工获取初始密码后可自行更改密码
用户不能更改密码	用户没有更改密码的权限，只能使用管理员设置的密码登录	适用于公共账号环境中，如为企业中的临时用户设置一个公用账户
密码永不过期	默认情况下，用户的密码使用期限是 42 天，之后用户必须更改一个新密码才能继续正常登录计算机	适用于需要定期更改密码的环境，如用于远程用户拨入的账户。定期更改密码一定程度上增加了系统安全性
账户已禁用	禁用该用户账户直至下次启用前	适用于需临时禁用账户的场合，如企业中某一员工休产假、年假，或管理员认为某一账户不安全需要禁用以便进一步排查等情况

2. Windows Server 2012 R2 系统默认用户

Windows Server 2012 R2 系统默认用户账户有两个，分别是 Administrator 和 Guest，其作用见表 2-1-3。

表 2-1-3　Windows Server 2012 R2 默认用户

默认用户账户	作用
Administrator	Administrator 用户具有对计算机的完全控制权限，还可向其他用户分配访问控制权限，强烈建议给此用户设置强密码。 Administrator 账户是计算机上 Administrators 组的成员，不可从 Administrators 组删除，但可以重命名或禁用。很多版本的 Windows 系统都将 Administrator 账户作为默认账户。在 Windows 7 等桌面系统中，为提高系统安全性，都已禁用了此账户，使用用户在安装系统时创建的管理员账户登录

默认用户账户	作用
Guest	Guest（来宾）账户分配给在本地计算机上没有用户账户的访问者使用。只要用户账户未删除，不管他是否被禁用，都可使用 Guest 账户访问本地计算机资源。Guest 账户不需要密码，默认禁用，可按需手动开启。由于 Guest 用户无须密码，建议保持禁用状态。 默认情况下，Guest 用户是默认的 Guests 组的成员，该组允许用户登录计算机。其他权限都必须由 Administrators 组的成员授予 Guests 组

3. Windows Server 2012 R2 中常用的默认组

Windows Server 2012 R2 中常用的默认组权限见表 2-1-4。

表 2-1-4　Windows Server 2012 R2 常用的默认组权限

用户组	作用
Administrators	此组成员对计算机上的文件和文件夹具有完全控制权限，并且他们可以根据需要为用户分配访问权限。Administrator 账户是此组的默认成员。当计算机加入 Active Directory 域时，Domain Admins 组会自动添加到此组中。因为此组可以完全控制计算机，所以向其中添加用户时要特别谨慎
Backup Operators	此组的成员可以备份和还原计算机上的文件，这是因为执行备份任务的权限要高于所有文件权限。此组的成员无法更改安全设置
Guests	该组的成员拥有一个在登录时创建的临时配置文件，在注销时，此配置文件将被删除。Guest（来宾）账户（默认情况下已禁用）也是该组的默认成员
IIS_IUSRS	Internet 信息服务 (IIS) 使用的内置组
Network Configuration Operators	该组的成员可以更改 TCP/IP 配置，并且可以更新和发布 TCP/IP 地址信息。该组中没有默认的成员
Power Users	默认情况下，该组的成员拥有不高于标准用户账户的权限。在早期版本的 Windows 中，Power Users 组专门为用户提供特定的管理员权限执行常见的管理任务。在 Windows Server 2012 R2 中，该组成员具有执行最常见配置任务的权限，例如，更改时区
Remote Desktop Users	该组的成员可以远程登录计算机
Users	该组的成员可以执行一些常见任务，例如，运行应用程序、使用本地和网络打印机以及锁定计算机。该组的成员无法共享目录或创建本地打印机。默认情况下，Domain Users、Authenticated Users 以及 Interactive 组是该组的成员。因此，在域中创建的任何用户账户都将默认成为该组的成员

4. 使用 NET USER 命令创建用户

（1）命令功能

命令提示符下的"NET USER"（大小写均可）命令，用于创建和修改计算机上的用户账户，适用于批量管理用户的工作情境。当不带选项使用本命令时，它会列出计算机上的用户账户。

（2）命令语法

```
NET USER
[username [password | *] [options]] [/DOMAIN]
username {password | *} /ADD [options] [/DOMAIN]
username [/DELETE] [/DOMAIN]
username [/TIMES: {times | ALL}]
```

① username：指需要进行添加、删除、修改或浏览的用户账户名称。用户名不能超过 20 个字符。

② password：设置或修改用户密码。默认情况下密码必须满足密码策略（长度、复杂度、字符等）要求，最多 14 个字符。

③ *：提示输入密码。当用户在密码提示符下输入时，密码不显示。

④ /DOMAIN：在当前 Active Directory 域的域控制器上执行操作（适用于 Active Directory 域环境）。

⑤ /ADD 将用户账户添加到本地服务器的用户账户数据库中（适用于工作组环境）。

⑥ /DELETE：从用户账户数据库中删除用户账户。

options 如下所示：

① /ACTIVE:{YES | NO}：（命令中使用英文状态下的冒号）激活或禁用账户。激活为 YES，禁用为 NO，默认值为 YES。

② /COMMENT:"text"：（命令中使用英文状态下的双引号）用户描述信息。

③ /TIMES:{times | ALL}：指用户可以登录的时间。TIMES 的表达方式是 day[-day][,day[-day]],time[-time][,time[-time]]，增量限制在 1 小时。天可以是全部拼写或缩写。小时可以是 12 小时或 24 小时制，12 小时制可以使用 AM、PM 来标记上午、下午。ALL 表示用户不受登录时间限制，空值表示用户永远不能登录。可以使用逗号分隔日期和时间，并用分号分隔多个日期和时间项。

（3）命令示例

步骤 1：创建一个用户 wangluo3，其密码为 P@ss123，相关命令如图 2-1-18 所示。

步骤 2：创建一个用户 wangluo4，其密码为 P@ss123，其登录时间为星期一至星期五的每天 9:00 到 17:00，相关命令如图 2-1-19 所示。

步骤 3：删除一个用户 wangluo4，相关命令如图 2-1-20 所示。

图 2-1-18　创建用户并显示用户列表　　　　图 2-1-19　创建用户时限定登录时间

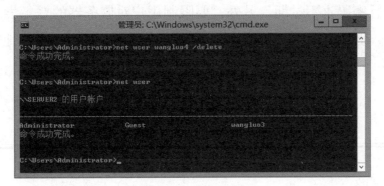

图 2-1-20　删除用户

5. 以管理员身份运行

Administrators 组中的成员都是计算机的管理员，具有最高的系统权限，使用该组的账户登录计算机将使系统更容易受到木马及其他安全风险的威胁，受木马或者恶意程序感染后，系统可能被恶意格式化硬盘、删除用户或用户权限、删除文件等。在本地计算机中建议将普通用户仅添加到 Users 组中，来完成对系统的基本操作，如需管理员操作时可切换管理员账户，或者使用 Windows Server 2012 R2 中提供的"以管理员身份运行"功能来启动管理操作，进而最大限度地保护计算机系统。

🏃 任务拓展

创建用户、组，并测试这些用户是否具备关闭计算机的权限，具体要求如下：

① 创建 test 组并将用户 test1~test10 共 10 个用户加入该组中。

② 创建 test201 用户，同时隶属于 Administrators 和 Users 组，测试其是否具有关闭系统权限。

③ 在关闭系统策略中添加 Everyone 组，允许 Windows Server 2012 R2 服务器上的所有用户能够关闭计算机。

④ 分别以 test1 和 test201 用户身份登录系统测试能否关闭计算机。

任务 2.2 设置本地安全策略——账户策略

任务描述

浩海职业学校的王老师要对实训室的计算机设置安全策略，要求新建用户的密码最少为 7 个字符，且密码永不过期。另外，要限制用户对服务器的登录尝试，如果密码输入错误达到 3 次，则锁定用户 3 min。以上两项安全需求，都可以在本地安全策略中进行设置。

任务实施

2.2.1 设置密码策略

步骤 1：在"服务器管理器"窗口中单击"工具"菜单，选择"本地安全策略"命令。

步骤 2：打开"本地安全策略"窗口，依次展开"安全设置"→"账户策略"→"密码策略"节点，在右侧列表中双击"密码长度最小值"选项，如图 2-2-1 所示。

步骤 3：在弹出的"密码长度最小值 属性"对话框中，将"密码长度最小值"设置为 7 个字符，然后单击"确定"按钮，如图 2-2-2 所示。

步骤 4：返回"本地安全策略"窗口后，双击"密码最长使用期限"选项，如图 2-2-3 所示。

步骤 5：在弹出的"密码最长使用期限 属性"对话框中，将"密码不过期。"微调按钮框设置为 0 天，然后单击"确定"按钮，如图 2-2-4 所示。至此，密码策略设置完毕。

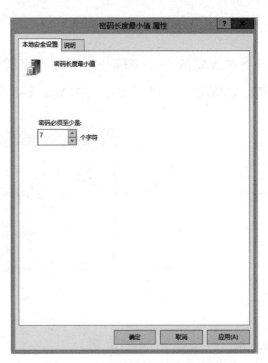

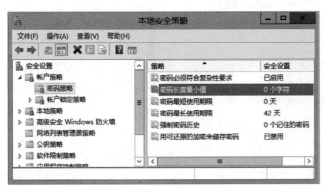

图 2-2-1　设置密码策略

图 2-2-2　设置密码长度最小值

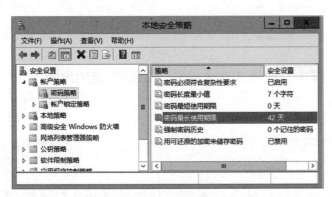

图 2-2-3　修改密码最长使用期限

图 2-2-4　修改密码最长使用期限

 经验分享

　　将"密码最长使用期限"设置为 0 天，是指用户密码永不过期。但出于安全考虑，建议将密码最长使用期限设置为 30~90 天之间，用来降低密码被破解的风险。

2.2.2　测试密码策略

对新建的一个密码长度为 6 个字符的用户账户进行测试，由于密码不符合密码策略要求，系统会出现错误提示，如图 2-2-5 所示，需要输入符合策略要求的密码。

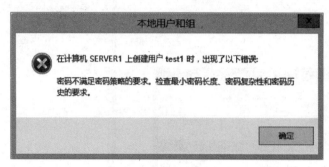

图 2-2-5　密码不满足策略要求提示框

2.2.3　设置账户锁定策略

步骤 1：在"本地安全策略"窗口，依次展开"安全设置"→"账户策略"→"账户锁定策略"节点，在右侧列表中双击"账户锁定阈值"选项，如图 2-2-6 所示。

> **知识链接**
>
> 账户锁定策略是指当用户输入错误的密码次数达到设定值时系统锁定账户，超过指定时间后系统会自动解锁或者由管理员手动解除锁定后方可再次尝试登录。账户锁定策略只能用于本地管理员 Administrator 之外的用户。

步骤 2：在"账户锁定阈值 属性"对话框中，设置 3 次无效登录之后锁定用户账户，然后单击"确定"按钮，如图 2-2-7 所示。

> **知识链接**
>
> 账户锁定阈值是指用户登录时可输入错误密码的最大次数，超过该值后系统将锁定登录账户。默认值为 0，即不锁定用户账户。

步骤 3：系统会弹出"建议的数值改动"对话框，提示启用"账户锁定时间"并设置为"30 分钟"，并将"重置账户锁定计数器"设置为"30 分钟之后"，这两个选项可在后续步骤中按需修改，此处先单击"确定"按钮，如图 2-2-8 所示。

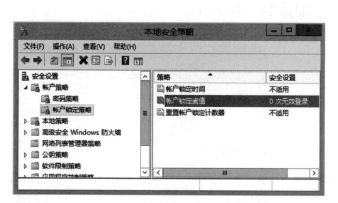

图 2-2-6 查看账户锁定阈值

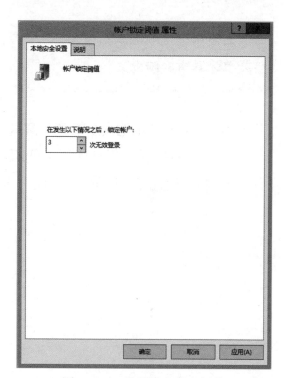

图 2-2-7 设置账户锁定阈值

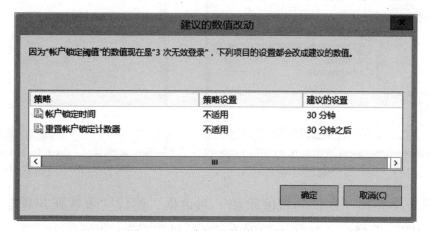

图 2-2-8 建议的数值改动提示

知识链接

　　账户锁定时间，是指被锁定的用户账户在自动解锁前保持锁定状态的时间，单位为分钟。如果设置为"0"，则表示一直锁定直到管理员手动解锁。

　　重置账户锁定计数器，用来指定某次失败登录后将失败计数器重置为 0 所需的时间。如果"账户锁定时间"到时之后再将失败计数器重置为 0 就会造成用户账户在一定时间内无法登录，因此在 Windows Server 系统中，"重置账户锁定计数器"设置的时间必须小于或等于"账户锁定时间"，一般情况下将两者时间设置相等即可。

上述两个选项的默认值均为"无"，因为只有管理员指定了"账户锁定阈值"，这些选项才具有实际意义。

　　步骤4：返回"本地安全策略"窗口，双击"账户锁定时间"选项，如图2-2-9所示。

　　步骤5：在弹出的"账户锁定时间 属性"对话框中，按本任务需求将"账户锁定时间"设置为3 min，设置完毕后单击"确定"按钮，如图2-2-10所示。

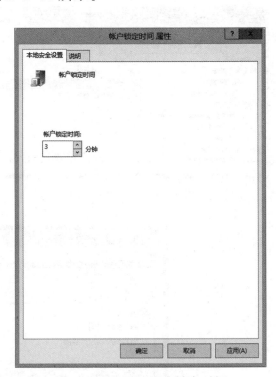

图2-2-9　查看账户锁定时间　　　　　　　　　图2-2-10　设置账户锁定时间

　　步骤6：系统会弹出"建议的数值改动"对话框，建议"重置账户锁定计数器"的值随"账户锁定时间"而修改，并建议设置为"3分钟之后"，此处单击"确定"按钮以使用建议设置，如图2-2-11所示。

　　步骤7：返回"本地安全策略"窗口，即可查看已完成的设置，如图2-2-12所示。

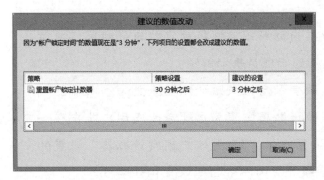

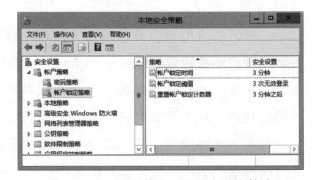

图2-2-11　建议的数值改动提示　　　　　　　图2-2-12　查看修改后的账户锁定策略

2.2.4　测试账户锁定策略

依据上述账户锁定策略，当某一用户登录失败超过 3 次，该账户将被锁定 3 min。在本任务中，切换到 admin1 用户并在登录窗口输入 3 次错误密码，即可看到用户被锁定的信息，如图 2-2-13 所示。

图 2-2-13　测试账户锁定策略

2.2.5　手动解锁用户账户

设置账户锁定策略后，如需在"账户锁定时间"到达之前解锁用户，必须使用管理员用户完成解锁。

步骤 1：以 Administrator 用户登录系统，在"计算机管理"窗口中，双击被锁定的用户账户"admin1"，如图 2-2-14 所示。

步骤 2：在"admin1 属性"对话框中，单击"常规"选项卡，可看到"账户已锁定"复选框为勾选状态，此时取消勾选"账户已锁定"复选框，然后单击"确定"按钮，即可解锁用户，如图 2-2-15 所示，之后可以再次尝试使用账户 admin1 登录系统。

图 2-2-14　用户列表窗口　　　　　图 2-2-15　解锁用户账户

任务 2.3　设置本地安全策略——本地策略

任务描述

　　浩海职业学校的王老师要对实训室的计算机设置安全策略，将用户登录的事件记录到系统日志中，并允许两个专业的学生使用他们的用户账户关闭计算机。通过设置"本地策略"中的选项可实现这两个需求，其中"审核策略"能够审核用户的登录事件并进行记录，"用户权限分配"可赋予学生账号或其隶属组关闭计算机的权限。

任务实施

2.3.1　启用审核账户登录事件策略

　　步骤 1：打开"本地安全策略"窗口，依次展开"安全设置"→"本地策略"→"审核策略"节点，在右侧列表中双击"审核账户登录事件"选项，如图 2-3-1 所示。

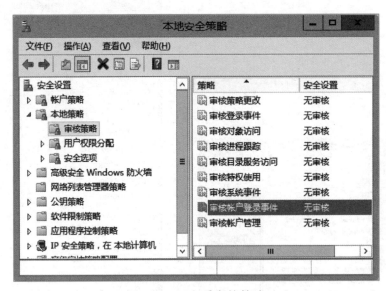

图 2-3-1　查看审核策略

知识链接

　　审核策略是指是否将计算机中与安全有关的事件记录到安全日志中，Windows Server 2012 R2 提供了 9 种审核策略，其名称和作用见表 2-3-1。

表 2-3-1 审核策略及其作用

审核策略	作用
审核策略更改	用于确定是否对更改用户权限分配策略、审核策略或信任策略的每个事件进行审核
审核登录事件	用于确定是否对用户在本地计算机上登录、注销或建立网络连接的每个事件进行审核
审核对象访问	用于确定是否对用户访问本地的某个对象（如文件、文件夹、注册表项和打印机等）的事件进行审核
审核进程跟踪	用于确定操作系统是否审核与进程相关的事件，如创建、终止进程等操作
审核账户登录事件	用于确定是否对当前计算机进行账户验证的登录、注销等进行审核
审核账户管理	用于确定是否对计算机上的每个账户管理事件进行审核，如创建、修改、删除用户或组，更改密码等操作
审核目录服务访问	用于确定是否对用户访问 Active Directory 对象的事件进行审核
审核特权使用	用于确定是否对用户行使用户权限的每个实例进行审核（使用用户权限时都会记录，启用后生成的事件非常多，不建议启用）
审核系统事件	用于确定在用户重新启动或关闭其计算机时，或者在影响系统安全或安全日志的事件发生时，是否进行审核

 经验分享

Windows Server 系列操作系统提供了两个用于记录登录事件的审核策略，两者的事件 ID 不同，记录的事件范围也略有不同。其中，"审核登录事件"记录的是本地登录的事件，一般用在处于工作组环境的计算机中。而"审核账户登录事件"记录的是在当前计算机上进行用户验证的登录事件，既可以用于记录本地计算机上的登录事件，也可以用于在 Active Directory 的域控制器上记录域用户的登录事件，域用户登录的可以是域控制器自身，也可以是成员计算机，有关 Active Directory 的任务将在项目 10 中进行介绍。在今后工作中，如无特别区分要求，可以使用"审核账户登录事件"选项。

步骤 2：在"审核账户登录事件 属性"对话框中，分别勾选"成功""失败"复选框，然后单击"确定"按钮，如图 2-3-2 所示。这样，无论用户登录成功与否，其登录事件都会被记录到日志中。

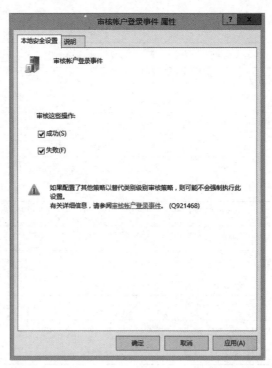

图 2-3-2　设置审核账户登录事件

2.3.2　清空安全日志

为便于测试和查看"审核账户登录事件"策略的设置结果，本任务将清除现有日志，并在新的日志中显示事件。

步骤 1：在"服务器管理器"窗口中单击"工具"菜单，选择"事件查看器"命令，如图 2-3-3 所示。

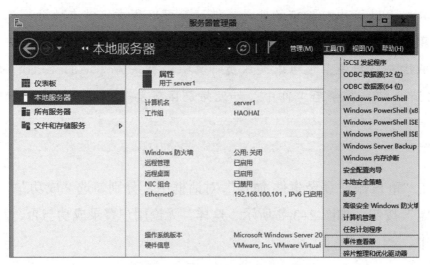

图 2-3-3　服务器管理器窗口

步骤 2：在"事件查看器"窗口依次展开"事件查看器"→"Windows 日志"→"安全"

节点，在窗口右侧的"操作"列表框单击"清除日志"链接，如图 2-3-4 所示。

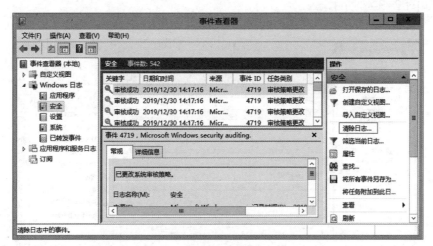

图 2-3-4　事件查看器窗口

步骤 3：在弹出的"事件查看器"清除日志提示对话框中，单击"保存并清除"按钮即可保存当前日志并清除显示列表，如图 2-3-5 所示。

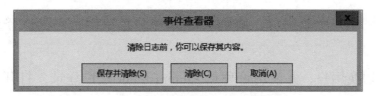

图 2-3-5　清除日志提示

步骤 4：在"另存为"对话框中输入保存日志的路径及其文件名，然后单击"保存"按钮，如图 2-3-6 所示。

图 2-3-6　另存现有日志

步骤 5：返回"事件查看器"窗口，可看到原有日志内容已不再显示，取而代之的是新的事件记录，如图 2-3-7 所示。

图 2-3-7   清除原有日志后的事件记录

2.3.3   查看账户登录事件记录

步骤 1：切换到用户登录窗口，使用 admin1 账户及错误密码尝试登录，再使用正确的密码登录系统。

步骤 2：再次切换用户，并使用管理员 Administrator 账户登录，打开"事件查看器"窗口，再次查看安全日志，可看到已有账户登录事件被记录到日志中。双击某一事件项，即可查看事件属性。在本任务以查看关键字为"审核失败"、任务类别为"凭据验证"的事件为例，双击该事件，如图 2-3-8 所示。

图 2-3-8   查看事件

步骤 3：在弹出的对话框中，可以看到该事件的信息，如登录失败的时间等，如图 2-3-9 所示。

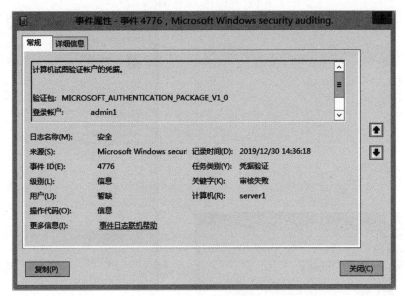

图 2-3-9　查看事件信息

步骤 4：使用同样的方法查看 admin1 账户"审核成功"的事件，过程略。

2.3.4　分配特定用户或组关闭系统权限

Windows Server 2012 R2 默认只允许 Administrators、Backup Operators 两个组的用户关闭系统，若本任务中的 group-wl、group-wz 两个组的用户需要关闭系统，则需要设置"用户权限分配"选项。

步骤 1：使用管理员账户 Administrator 登录系统，在"本地安全策略"窗口中依次展开"安全设置"→"本地策略"→"用户权限分配"节点，在右侧列表中双击"关闭系统"选项，如图 2-3-10 所示。

步骤 2：在弹出的"关闭系统 属性"对话框的"本地安全设置"选项卡中单击"添加用户或组"按钮，选择 group-wl 和 group-wz 组，然后单击"确定"按钮，如图 2-3-11 所示。

> **操作提示**
>
> 如在弹出的"选择用户或组"对话框中无法选择组，则需要单击此对话框中的"对象类型"按钮，勾选"组"复选框，然后单击"高级"按钮，再单击"立即查找"按钮，在"搜索结果"列表框中选择组。

步骤 3：返回"本地安全策略"窗口，可查看"关闭系统"策略匹配的组，如图 2-3-12 所示。

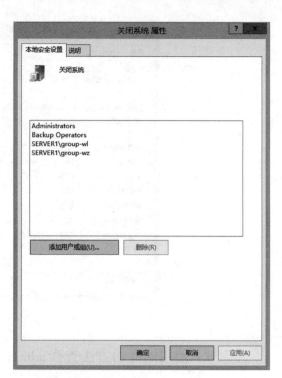

图 2-3-10　查看关闭系统权限　　　　　　　图 2-3-11　赋予特定组关闭系统权限

图 2-3-12　查看修改后的关闭系统选项

　　步骤 4：切换用户，并使用 group-wl 组中的 wangluo1 账户登录系统，可看到该用户已能够关闭计算机。

项目 3

管理与使用 NTFS 文件系统

　　网络操作系统是一种多用户系统，合理利用用户的不同权限，能够保障网络操作系统的稳定与安全。

　　文件系统是指操作系统在其管理的存储设备上组织文件和分配空间的方法，负责创建、保存、读取文件以及控制文件的访问权限。

　　1993 年，微软公司在 Windows NT 操作系统中采用了新的文件系统——NTFS（New Technology File System）。相比原有的 FAT（File Allocation Table，文件分配表）等文件系统，NTFS 具备错误预警、磁盘自我修复、日志等功能。

　　NTFS 支持的文件和卷（或分区）最大为 16EB（约 1.845×10^{19} 字节，即 2^{64} 字节），但文件受限于分区大小往往无法达到 NTFS 所支持的最大值，MBR（主引导记录）分区表最大支持 2TB 分区，GPT（全局唯一标识）分区表最大支持 18EB 分区。

　　NTFS 文件系统中新增加的权限设置、磁盘配额、文件压缩、加密等功能增强了系统的安全性。首先，NTFS 通过设置用户权限来操作文件，Windows 为每个用户提供一个文件访问控制列表（Access Control List，ACL），不同用户或组在使用 NTFS 文件系统时会拥有不同的权限，同时也可以通过日志记录访问情况，用以保护文件的安全。此外，自 Windows 2000 开始的 Windows 操作系统支持在 NTFS 卷（或分区）上启用 EFS（Encrypting File System，加密文件系统）功能，使用 EFS 能以透明方式加解密文件，即用户无须安装第三方加密软件，也感受不到加解密的过程，增加了加解密文件的便捷性。

项目描述

　　为满足教学要求，浩海职业学校决定使用安装了 Windows Server 2012 R2 系统的计算机用于实训课教学。由于有些实训课程是阶段性排课，需要保存学生的操作进度，因此在 D 盘为学生创建数据文件夹，通过设置 NTFS 权限（读取、写入等）来保证只有对应专业的学生和管理老师能够读写数据，并允许其他班级学生查看文件夹的数据以起到互相督促的作用。此外，为了保证文件的安全，学校教务处在其 Windows Server 2012 R2 计算机上使用 EFS 加密了相关文件，未授权的用户将无法打开文件。

能力素质

- 了解 NTFS、EFS 的特点；
- 能够使用组和用户账户对 NTFS 文件系统进行管理；
- 能够使用 EFS 对文件进行加密，并能备份和导入 EFS 证书；
- 增强信息系统安全意识，能设置文件系统权限以授权合法用户访问数据；
- 弘扬工匠精神，不断优化调整文件系统访问控制规则以便更好保护数据。

任务 3.1　设置 NTFS 权限实现文件访问控制

任务描述

　　在浩海职业学校实训室启用前，管理老师要给学生创建用于存储数据的文件夹并设置相应权限。计算机网络技术专业学生需将作业存放在指定的文件夹，用于存储虚拟机、配置文档等文件，要对此文件夹进行读写等操作；网站建设与管理专业的学生可以查看上述文件夹内数据以便加强监督；教师的用户账户也能对文件夹进行控制，其他用户账户不能访问该文件夹。

　　根据实训室使用需求，可使用 NTFS 权限来控制用户对文件夹的访问，将用于计算机网络技术专业学生的权限设置见表 3-1-1。

表 3-1-1　用户或组权限分配表

用户或组	NTFS 权限
Administrators 组	完全控制
group-wl 组	完全控制
group-wz 组	与读取有关的权限

 任务实施

3.1.1　删除文件夹所继承的 NTFS 权限

步骤 1：右击"网络技术专业数据文件夹"，在弹出的快捷菜单中选择"属性"命令，如图 3-1-1 所示。

步骤 2：在"网络技术专业数据文件夹 属性"对话框中单击"安全"选项卡，单击右下角的"高级"按钮，如图 3-1-2 所示。

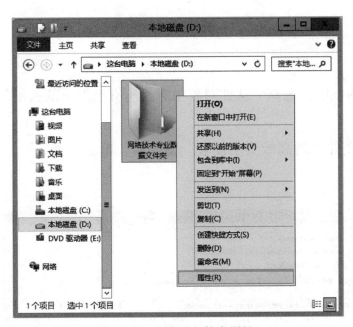

图 3-1-1　设置文件夹属性

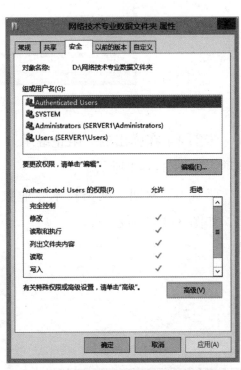

图 3-1-2　设置文件夹的安全选项

步骤 3：在"网络技术专业数据文件夹的高级安全设置"窗口的"权限"选项卡中，单击"禁用继承"按钮，如图 3-1-3 所示。

📢 知识链接

　　NTFS 文件系统中的"所有者"默认是创建该文件或文件夹的用户，"所有者"可以随时更改其所拥有的文件或文件夹的权限。Administrators 组的成员可以获得任何文件或文件夹的所有权，其他用户要想成为文件或文件夹的"所有者"，需要由 Administrators 组的成员或创建者在高级安全设置中给予特定用户或组"取得所有权"权限，或通过上述两种用户角色直接更改"所有者"。

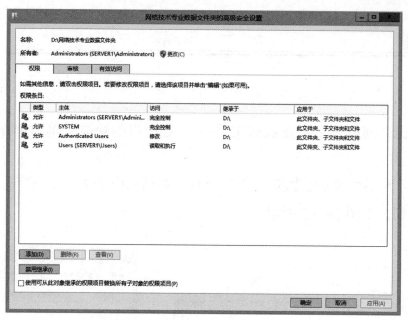

图 3-1-3　文件夹的高级安全设置

步骤 4: 在弹出的"阻止继承"对话框中，选择"从此对象中删除所有已继承的权限"选项，如图 3-1-4 所示。

步骤 5: 返回"网络技术专业数据文件夹的高级安全设置"窗口后，单击"确定"按钮，如图 3-1-5 所示。

图 3-1-4　设置阻止继承权限

图 3-1-5　阻止继承后的文件夹权限

3.1.2　添加新用户权限

步骤 1: 在"网络技术专业数据文件夹 属性"对话框的"安全"选项卡中单击"编辑"

按钮，如图 3-1-6 所示。

步骤 2：在"网络技术专业数据文件夹 的权限"对话框中，单击"添加"按钮，如图 3-1-7 所示。

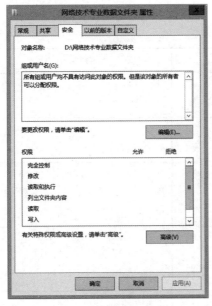 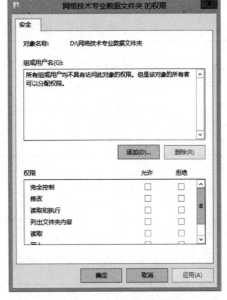

图 3-1-6　文件夹的安全设置　　　　图 3-1-7　添加权限

步骤 3：在弹出的"选择用户或组"对话框中单击"高级"按钮，然后单击"立即查找"按钮，选择"Administrators（SERVER1\Administrators）"组后单击"确定"按钮。

步骤 4：返回"网络技术专业数据文件夹 的权限"对话框后，在"组或用户名"列表框中选择"Administrators（SERVER1\Administrators）"组，在"Administrators 的权限"列表框中勾选"完全控制"右侧的"允许"复选框，然后单击"确定"按钮，如图 3-1-8 所示。

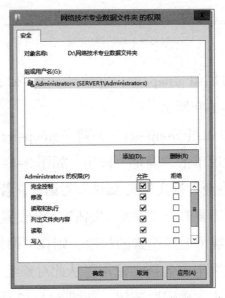

图 3-1-8　设置 Administrators 组的 NTFS 权限

知识链接

NTFS 权限分为基本权限和高级权限，基本权限即可满足常见的操作需要，见表 3-1-2。

表 3-1-2 NTFS 基本权限设置项及作用

基本权限	依托权限	可执行的操作
读取	无	用户可打开文件夹，查看文件和文件夹的内容
写入	文件：需选择"读取"； 文件夹：需选择"读取"	用户可创建文件和文件夹，并可对现有文件和文件夹进行修改
列出文件夹内容	文件：无此权限； 文件夹：需选择"读取"	和"读取"权限一同使用，除了具有"读取"权限外，还能遍历文件夹内容，即打开或关闭文件夹
读取和执行	文件：自动选择"读取"； 文件夹：自动选择"读取""列出文件夹内容"	用户可打开文件夹，查看文件和文件夹的内容，并可在现有文件夹中运行程序
修改	文件：自动选择"读取""写入""读取和执行"； 文件夹：自动选择"读取""写入""读取和执行""列出文件夹内容"	用户可以更改现有文件和文件夹，但不能创建新文件和文件夹，能够删除文件夹
完全控制	文件：自动选择"读取""写入""读取和执行""修改"； 文件夹：自动选择"读取""写入""读取和执行""列出文件夹内容""修改"	用户可以查看文件或文件夹内容，更改现有文件和文件夹，能够删除文件夹，创建新文件和文件夹以及在文件夹中运行程序
特殊权限	无	用于对文件访问控制列表（ACL）进行控制，包含"读取""修改""取得所有权"3 种高级设置权限

步骤 5：使用同样方法添加组 group-wl，并将"group-wl 的权限"设置为"完全控制"（及附加选中的权限），如图 3-1-9 所示。

步骤 6：使用同样方法添加组 group-wz，并将"group-wz 的权限"设置为"读取和执行"（及附加选中的权限），然后单击"确定"按钮，如图 3-1-10 所示。

步骤 7：返回"网络技术专业数据文件夹 属性"对话框，若此文件夹内没有子对象则单击"确定"按钮，若存在子对象则需要单击"高级"按钮进一步设置权限继承，如图 3-1-11 所示。

步骤 8：如需设置子对象继承上述设置的权限，则在"网络技术专业数据文件夹的高级安全设置"窗口的"权限"选项卡中勾选"使用可从此对象继承的权限项目替换所有子对象的权限项目"复选框，然后单击"确定"按钮，如图 3-1-12 所示。

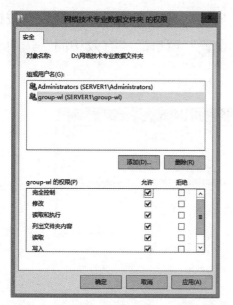
图 3-1-9　设置 group-wl 组的 NTFS 权限

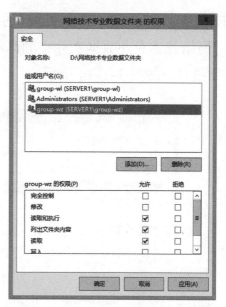
图 3-1-10　设置 group-wz 组的 NTFS 权限

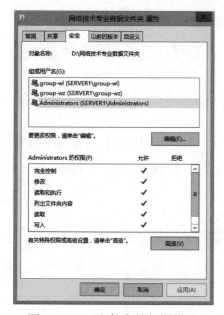
图 3-1-11　文件夹的权限设置

图 3-1-12　设置子对象继承权限

步骤 9：在弹出的"Windows 安全"对话框中单击"是"按钮，如图 3-1-13 所示。

步骤 10：返回"网络技术专业数据文件夹属性"对话框后单击"确定"按钮。至此，已完成本任务所需的文件夹权限设置。

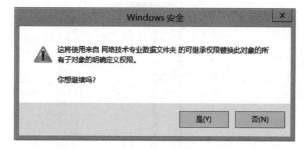
图 3-1-13　替换子对象权限的确认提示

3.1.3　查看用户的有效访问权限

步骤 1：右击"网络技术专业数据文件夹"，在弹出的快捷菜单中选择"属性"命令，在"网络技术专业数据文件夹 属性"对话框的"安全"选项卡中单击"高级"按钮，然后在打开的"网络技术专业数据文件夹的高级安全设置"窗口的"有效访问"选项卡中单击"选择用户"链接，如图 3-1-14 所示。

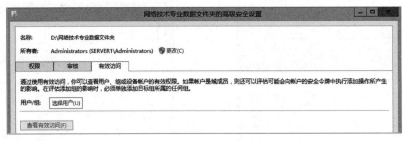

图 3-1-14　查看用户的有效访问权限

📖 经验分享

　　某一用户、组对文件或文件夹的有效权限，最终要按照权限规则运算结果得出，详见本任务"相关知识"部分。当多种权限来源有冲突或叠加时，通过"有效访问"选项卡可直接找到用户的最终权限。

　　步骤 2：选择用户 admin1，单击"查看有效访问"按钮，可以看到该用户对"网络技术专业数据文件夹"的有效访问权限，满足任务中教师用户对文件夹进行控制的需求，如图 3-1-15 所示。

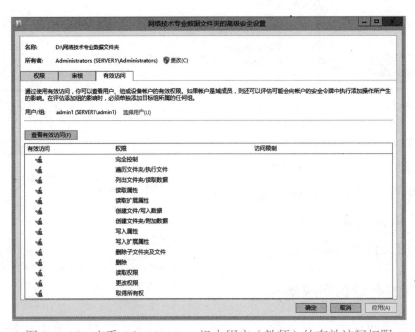

图 3-1-15　查看 Administrators 组内用户（教师）的有效访问权限

知识链接

NTFS 高级权限设置可以更精确地分配权限，用于需要对权限进行精细化管理的场合，基本权限设置则可用于一般场合。

步骤 3：使用同样方法查看用户 wangluo1 对"网络技术专业数据文件夹"的有效访问权限，满足本任务中计算机网络技术专业学生对文件夹进行读写等操作的需求，如图 3-1-16 所示。

图 3-1-16 查看 group-wl 组内用户（计算机网络技术专业学生）的有效访问权限

步骤 4：使用同样方法查看用户 wangzhan1 对"网络技术专业数据文件夹"的有效访问权限，满足本任务中网站建设与管理专业学生可查看文件夹内数据的需求，如图 3-1-17 所示。

图 3-1-17 查看 group-wz 组内用户（网站建设与管理专业学生）的有效访问权限

3.1.4　测试 NTFS 权限

　　步骤 1：使用 group-wl 组中的用户 wangluo1 登录系统访问"网络技术专业数据文件夹"，由于该组用户对文件夹拥有完全控制权限，组内用户能够进行创建、修改、删除文件和文件夹、编辑文档等操作，如图 3-1-18 所示。

图 3-1-18　测试 group-wl 组中的用户对指定文件夹的权限

　　步骤 2：使用 group-wz 组中的 wangzhan1 账户登录系统，并尝试访问"网络技术专业数据文件夹"，由于该组用户只有读取相关的权限，不能修改 group-wl 用户创建的文件，所以修改文件的操作被拒绝，如图 3-1-19 所示。

图 3-1-19　测试 group-wz 组中的用户对指定文件夹的权限

经验分享

如何使用用户账户控制?

用户账户控制(User Account Control,UAC)是为非管理员用户临时调用系统管理员权限而推出的一种安全技术。Windows Server 2012 R2 版本默认将用户账户控制设置为"从不通知",故本任务中出现"拒绝访问。"提示。若在工作中使用的Windows　　Server 操作系统弹出"用户账户控制"对话框,则可调用管理员用户权限。但在一些安全要求较严格的工作情境中,需要关闭"用户账户控制"的消息提示,以 Windows Server 2012 R2 为例,打开"控制面板"窗口,单击"用户账户",选中管理员账户,再依次单击"更改账户信息"→"更改用户账户控制设置",将消息类型设置为"从不通知"即可。

相关知识

1. 权限设置规则

(1)累加

用户对某个文件或文件夹的有效权限,是该用户和其隶属的所有组的权限总和。例如,用户 wanghao 隶属于 Users 和 teachers 组,其有效权限见表 3-1-3。

表 3-1-3　NTFS 权限累加实例

用户或组	对某文件或文件夹的允许权限	有效权限
wanghao	写入	完全控制 (写入 + 完全控制 + 读取)
teachers	完全控制	
Users	读取	

(2)拒绝优先

虽然 NTFS 权限遵循累加规则,但其中若有一种权限来源设置为拒绝,则用户不会被授予该权限。例如,用户 wanghao 隶属于 Users 和 teachers 组,其有效权限见表 3-1-4。

表 3-1-4　NTFS 权限拒绝优先实例

用户或组	对某文件或文件夹的读取权限	读取权限的设置效果
wanghao	允许	拒绝
teachers	拒绝	
Users	允许	

（3）指定优于继承

即某用户或组的明确的权限设置优先于继承的权限设置，例如，对于当前文件或文件夹而言，从父项继承而来的权限中显示 wanghao 用户的读取权限为拒绝状态，但又进行了指定，则以指定的权限优先，见表 3-1-5。

表 3-1-5　NTFS 权限指定优先实例

权限来源	对某文件或文件夹的读取权限	读取权限的设置效果
从父项继承来的权限	拒绝	允许
用户指定的权限	允许	

（4）其他原则

文件的权限高于文件夹；自动从父项继承；继承而来的 NTFS 权限不能修改（可以取消继承后，使用管理员账户或所有者账户删除）；具有读取权限的文件夹可以被复制到 FAT32 下；网络服务和 NTFS 权限同时使用时，执行最严格权限。

2. 移动或复制后的权限变化

无论文件被复制到哪个磁盘分区，都会作为目的文件夹下新创建的文件，权限以目的文件夹权限作为继承依据。

通俗来说，磁盘分区内的移动，相当于维持原有文件权限，只是换了位置；不同磁盘分区间的移动，相当于在目的文件夹中新建了一个文件，再把原来的删除，所以会继承目的文件夹的权限，具体情况见表 3-1-6。

表 3-1-6　移动或复制权限变化

文件所在源文件夹	操作	目的文件夹	权限来源
C:\soft	移动	C:\file	权限不变
C:\soft	复制	C:\file	继承目标文件夹 C:\file
C:\soft	移动	D:\file	继承目标文件夹 D:\file
C:\soft	复制	D:\file	继承目标文件夹 D:\file

🏃 任务拓展

在 Windows Server 2012 R2 系统中创建满足教学要求的文件夹并设置相应权限，具体要求如下：

① 为学生创建 group1 组，并创建 test1、test2 两个用户账户。

② 使用 test1 用户登录系统，在 C 盘创建一个文件夹"作业"，使用此用户账户为其他用户分配访问文件夹的 NTFS 权限。

③ 创建"机房反馈意见"文件夹，允许学生用户写入，要求包括教师用户在内的所有人都不能进行删除操作。

④ 允许 admin 用户获得"机房反馈意见"文件夹的所有权，并成为所有者。

任务 3.2　使用 EFS 加密文件

任务描述

浩海职业学校教务处在安装了 Windows Server 2012 R2 操作系统的计算机上存储有教学安排等文件，为了保证文件安全、防止被未授权的用户打开，教务处老师曾尝试使用压缩软件将文件打包并设置压缩包密码，也使用过一些文件加密软件，但使用时都需要花费时间解密文件，而且安装的教务系统软件也不能直接读取这些加密的文件，急需一种便捷、可靠的文件加密方法解决这个问题。

Windows Server 2012 R2 系统中提供了 EFS（Encrypting File System，加密文件系统）功能，教务处老师可以使用该功能解决上述问题。借助 EFS 能以透明方式加解密文件，且能在登录系统的同时进行 EFS 用户验证，使用者几乎感受不到后续的加密、解密过程，非授权用户无法访问数据。

任务实施

3.2.1　使用 EFS 对文件或文件夹进行加密

步骤 1：登录系统，本任务使用 Administrator 用户登录。

步骤 2：右击"教学文件"文件夹，在弹出的快捷菜单中选择"属性"命令，如图 3-2-1 所示。

步骤 3：在弹出的"教学文件 属性"对话框的"常规"选项卡中，单击"高级"按钮，如图 3-2-2 所示。

步骤 4：在"高级属性"对话框中，在"压缩或加密属性"组中勾选"加密内容以便保护数据"复选框，然后单击"确定"按钮，如图 3-2-3 所示。

步骤 5：返回"教学文件 属性"对话框后，单击"确定"按钮。

步骤 6：在弹出的"确认属性更改"对话框中，默认已选中"将更改应用于此文件夹、子文件夹和文件"单选按钮，直接单击"确定"按钮即可，如图 3-2-4 所示。

图 3-2-1　修改文件夹属性

图 3-2-2　设置文件夹属性

图 3-2-3　启用文件夹的 EFS 功能

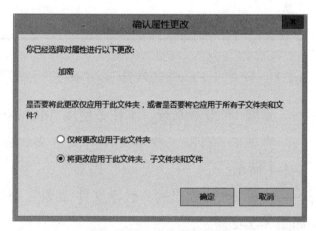

图 3-2-4　确认属性更改

3.2.2　备份文件加密证书和密钥

步骤 1：单击桌面右下角所弹出的"备份文件加密密钥"提示框中的链接，如图 3-2-5 所示。

图 3-2-5　备份文件加密密钥提示

经验分享

若不慎关闭了"备份文件加密密钥"提示框，或忘记备份 EFS 证书，后续仍可以使用证书管理工具备份证书。按 Windows 徽标＋R 组合键，在"运行"对话框中输入"certmgr.msc"命令并按 Enter 键，打开"证书"窗口，然后依次展开"个人"→"证书"，右击要备份的 EFS 证书（"预期目的"为"加密文件系统"），在弹出的快捷菜单中选择"所有任务"→"导出"命令，即可启动证书导出向导完成备份。

步骤 2：在弹出的"加密文件系统"对话框中单击"现在备份（推荐）"链接，如图 3-2-6 所示。

步骤 3：在"证书导出向导"对话框中单击"下一步"按钮，如图 3-2-7 所示。

图 3-2-6　选择备份时间

图 3-2-7　证书导出向导使用提示

步骤 4：在"导出文件格式"界面中采用默认设置，直接单击"下一步"按钮，如图 3-2-8 所示。

步骤 5：在"导出私钥"界面中，选中"是，导出私钥"单选按钮，直接单击"下一步"按钮，如图 3-2-9 所示。

步骤 6：在"安全"界面中勾选"密码"复选框，输入两次密码，单击"下一步"按钮，如图 3-2-10 所示。

图 3-2-8　选择导出文件格式

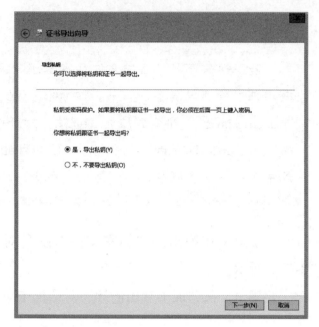
图 3-2-9　选择同时导出私钥

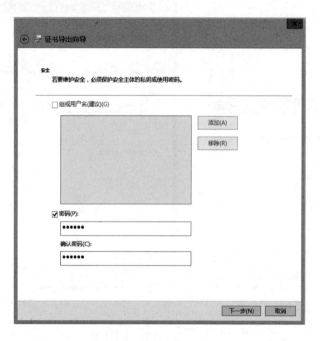

图 3-2-10　设置私钥的打开密码

步骤 7：在"要导出的文件"界面中，单击"浏览"按钮或直接输入导出文件的路径、文件名，如"D:\ 管理员的证书信息 .pfx"，然后单击"下一步"按钮，如图 3-2-11 所示。

步骤 8：在"正在完成证书导出向导"界面中单击"完成"按钮，如图 3-2-12 所示。

步骤 9：在弹出的"导出成功。"界面中单击"确定"按钮，如图 3-2-13 所示。至此，Administrator 用户的 EFS 证书备份完成。

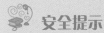

安全提示

　　备份 EFS 证书和私钥是使用 EFS 的重要步骤，一旦重新安装操作系统、修改 SID 或需要在其他计算机上打开经过 EFS 加密的文件，都需要导入用户的 EFS 证书，否则无法解密文件。因此，要牢记用户个人信息交换文件（即扩展名为 .PFX 的文件）的打开密码。此外，建议将该文件备份到其他可靠的存储设备上，以防止该文件丢失或被非授权用户窃取。

图 3-2-11　确认导出文件位置和文件名

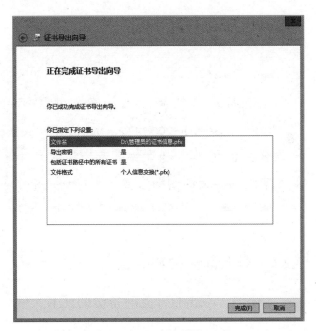

图 3-2-12　确认导出证书

图 3-2-13　导出成功提示

3.2.3　切换用户查看加密文件

　　切换用户后，再次访问"教学文件"文件夹，可以看到文件夹内含有加密文件"开课计划"，但无法打开，如图 3-2-14 所示。

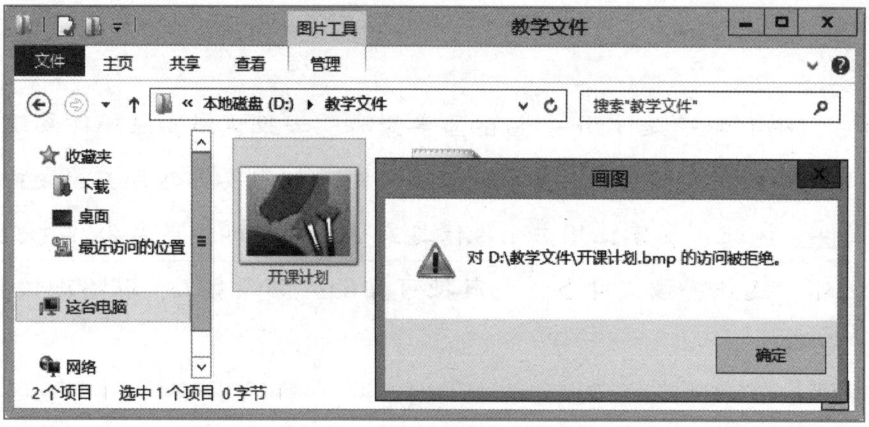

图 3-2-14　未授权用户无法打开加密文件

经验分享

不同系统显示 EFS 加密文件图标的方式略有不同，Windows 7、Windows 8、Windows Server 2008 R2、Windows Server 2012、Windows Server 2012 R2 等操作系统会将 EFS 加密的文件显示为绿色文件名，Windows 10、Windows Server 2016 等操作系统则在文件图标右上角再增加一个黄色小锁图案。

3.2.4　导入备份的 EFS 证书

步骤 1：双击打开此前备份的证书文件，如图 3-2-15 所示。

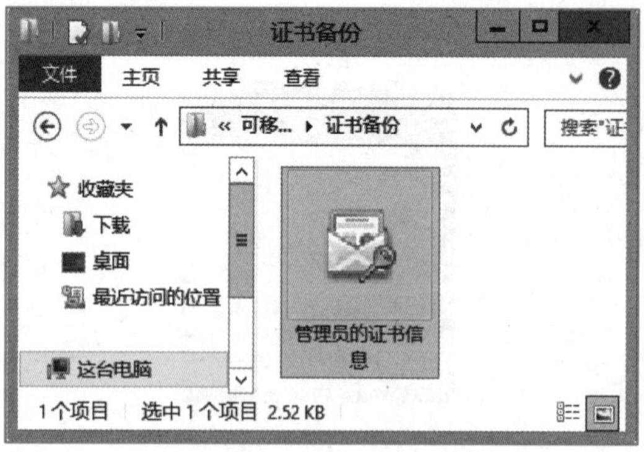

图 3-2-15　EFS 证书文件

步骤 2：在"证书导入向导"对话框中，使用默认的存储位置"当前用户"选项，单击"下一步"按钮，如图 3-2-16 所示。

步骤 3：在"要导入的文件"界面中单击"下一步"按钮，如图 3-2-17 所示。

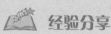 经验分享

　　若 A 用户要查看由 B 用户使用 EFS 加密的文件，则必须由 B 用户在文件或文件夹的"高级属性"→"压缩或加密属性"→"详细信息"中授权 A 用户可以读取数据。如 B 用户已经无法登录或者之前未进行授权，在确保可信的情况下，可在 A 用户登录状态下导入 B 用户的 EFS 证书。

　　若要向他人共享经过 EFS 加密的文件，相对安全的操作方式是先对文件进行解密再进行共享。备份 EFS 证书的主要目的是防止计算机故障影响授权用户访问加密文件，不要轻易将 EFS 证书共享给他人，以免增加信息泄露风险。

图 3-2-16　选择证书存储位置

图 3-2-17　选择要导入的证书或包含证书的文件

　　步骤 4：在"私钥保护"界面中输入此前导出时所设置的私钥密码，然后单击"下一步"按钮，如图 3-2-18 所示。

　　步骤 5：在"证书存储"界面中，选中"将所有的证书都放入下列存储"单选按钮，然后单击"浏览"按钮，如图 3-2-19 所示。

　　步骤 6：在弹出的"选择证书存储"对话框中，选择"个人"文件夹，然后单击"确定"按钮，如图 3-2-20 所示。

　　步骤 7：返回"证书存储"界面后，可看到证书存储位置已设置为"个人"，然后单击"下一步"按钮。

　　步骤 8：在"正在完成证书导入向导"界面中单击"完成"按钮，如图 3-2-21 所示。

图 3-2-18 输入私钥密码

图 3-2-19 指定证书存储位置

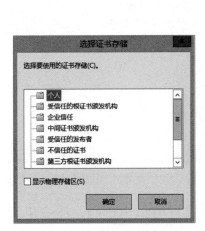

图 3-2-20 设置证书存储位置

图 3-2-21 确认导入证书信息

步骤 9：在弹出的"导入成功。"界面中单击"确定"按钮，如图 3-2-22 所示。至此，已完成 EFS 证书导入操作。

图 3-2-22 证书导入成功

3.2.5 再次查看加密文件

导入 EFS 证书后，再次打开文件"开课计划"，即可正常访问，如图 3-2-23 所示。

图 3-2-23   查看加密文件

相关知识

操作 EFS 加密文件情形与目标文件状态

EFS 必须存储在 NTFS 磁盘内才能处于加密状态，通过网络发送、移动或复制到非 NTFS 分区则新文件不会被加密，具体情形与目标文件状态见表 3-2-1。

表 3-2-1   操作 EFS 加密文件情形与目标文件状态

操作 EFS 加密文件情形	目标文件状态
将加密文件移动或复制非 NTFS 磁盘内	新文件处于解密状态
用户或应用程序读取加密文件	系统将文件从磁盘读取文件，并将解密后的内容反馈给用户或应用程序，磁盘中存储的文件仍处于加密状态
用户或应用程序向加密的文件或文件夹写入数据	系统会将数据自动加密，然后写入磁盘
将未加密的文件或文件夹移动或复制到加密文件夹	新文件或文件夹自动变为加密状态
将加密的文件或文件夹移动或复制到未加密文件夹	新文件或文件夹仍处于加密状态
通过网络发送加密的文件或文件夹	文件或文件夹会被自动解密
将加密文件或文件夹打包压缩	压缩和加密不能并存，文件或文件夹会被自动解密
加密已压缩的文件	压缩和加密不能并存，文件会被自动解压缩，然后进行加密

磁 盘 管 理

随着物联网、云计算、5G等新一代信息技术的发展，快速增长的用户信息存储需求推动了服务器存储技术的进步，数据存储的可靠性、稳定性、易用性等要求变得越来越重要。2022年，"东数西算"工程全面启动，西部地区将利用资源优势有序承接东部地区的算力需求，开启了我国数据中心一体化发展的新篇章。

与面向个人计算机的操作系统有所不同，网络操作系统管理着服务器上的各种资源，最常见的资源管理就包括对磁盘的管理。俗话说"硬盘有价，数据无价"，保障数据的完整与安全成了系统管理人员的重要工作。Windows Server 系统支持对基本磁盘、动态磁盘的管理，借助其磁盘管理功能能够完成常见的简单卷管理、RAID 卷管理，并且可以利用 BitLocker 功能来保护整个磁盘中的数据。

在我国，数据安全也得到了更多重视。《中华人民共和国数据安全法》从法律上明确了何为"数据"，数据是指"对信息的记录"，可以是电子等形式或方式，也规定了数据的处理行为包括"收集、存储、使用、加工、传输、提供、公开"等几种类型。大量的用户数据将存储在服务器的磁盘中，作为网络或系统管理人员，要具有全面保障数据安全的意识，除了要掌握磁盘管理等必要技能外，还要及时了解我国有关数据安全的法律法规和行业标准，尊重社会公德和伦理，诚实守信，合法管理和处理数据。

项目描述

浩海职业学校需要对安装有Windows Server 2012 R2系统的服务器进行磁盘管理，负责机房管理的王老师要根据学校数据存储需求进行以下操作：一是要创建简单卷，并且要根据需求的变化扩展、压缩卷；二是要能够创建跨区卷，以便能够整合不同磁盘中的可用空间；三是要满足教务处对磁盘读取速度、可靠性的更高要求，配置带区卷、镜像卷、RAID 5卷；四是对于以往的业务数据要进行加密存储，使用 BitLocker 加密驱动器保障数据安全。

能力素质

- 了解基本磁盘、动态磁盘的基本概念；
- 了解分区、卷、简单卷、跨区卷、带区卷、镜像卷、RAID 5 卷的基本概念和特点；
- 了解 MBR、GPT 分区表的基本概念；
- 了解软件 RAID 和硬件 RAID 的区别；
- 能够为服务器添加磁盘，并完成联机、初始化操作；
- 能够进行基本磁盘管理，并完成分区格式化等操作；
- 能够使用 diskpart 命令创建扩展分区；
- 能够对简单卷进行扩展和压缩；
- 能够根据业务需求创建简单卷、跨区卷、带区卷、镜像卷、RAID 5 卷；
- 能够使用 BitLocker 技术对驱动器进行加密；
- 增强学法懂法意识，学习和关注我国有关数据安全的法律法规；
- 增强数据安全意识，能够使用驱动器加密技术更好地保护数据；
- 尊重社会公德和伦理，诚实守信，不随意查看服务器上的用户数据。

任务 4.1　管理基本磁盘

任务描述

浩海职业学校的王老师要根据学校数据存储需求创建主分区、扩展分区、逻辑分区，完成简单卷的创建，并且要根据需求的变化完成卷的扩展和压缩。

任务实施

本任务使用虚拟机"server2"完成相关操作。

4.1.1　添加磁盘

步骤 1：选择虚拟机"server2"，打开"虚拟机设置"对话框，单击"添加"按钮。

步骤 2：进入"硬件添加向导"，在"硬件类型"对话框中选择"硬盘"，然后单击"下一步"按钮。

步骤 3：在"选择磁盘类型"对话框中使用默认的"SCSI"类型，然后单击"下一步"按钮。

步骤 4：在"选择磁盘"对话框中，使用默认的"创建新虚拟机磁盘"选项，然后单击"下一步"按钮。

步骤 5：在"指定磁盘容量"对话框中输入最大磁盘大小，在本任务中，添加一块 60GB 的磁盘，然后选中"将虚拟磁盘存储为单个文件"单选按钮，再单击"下一步"按钮。

步骤 6：在"指定磁盘文件"对话框中，输入磁盘文件名，此处使用默认名称，然后单击"完成"按钮。

步骤 7：返回"虚拟机设置"对话框，单击"确定"按钮，如图 4-1-1 所示。至此，已为虚拟机添加了一块 SCSI 接口的磁盘，本项目的后续任务也可参考上述步骤添加磁盘。

4.1.2　联机、初始化磁盘

步骤 1：启动 server2 虚拟机，进入操作系统桌面。

步骤 2：在"服务器管理器"窗口中单击"工具"菜单，在弹出的快捷菜单中选择"计算机管理"命令。

步骤 3：在"计算机管理"窗口中，依次展开左侧窗口中的"计算机管理"→"存储"→"磁盘管理"节点，然后右击新添加的"磁盘 1"，在弹出的快捷菜单中选择"联机"命令，如图 4-1-2 所示。

步骤 4：右击"磁盘 1"，在弹出的快捷菜单中选择"初始化磁盘"命令，如图 4-1-3 所示。

步骤 5：在"初始化磁盘"对话框中勾选"磁盘 1"复选框，使用默认的 MBR 分区表，然后单击"确定"按钮，如图 4-1-4 所示。

图 4-1-1　添加硬盘完成

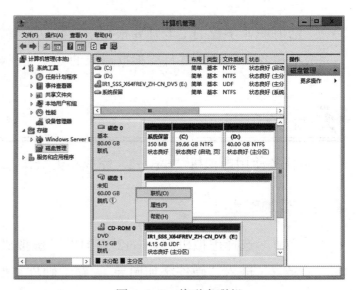

图 4-1-2　将磁盘联机

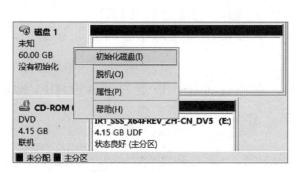

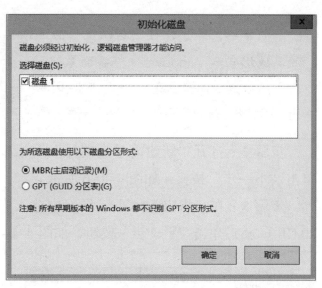

图 4-1-3 初始化磁盘   图 4-1-4 选择要初始化的磁盘和分区形式

步骤 6：返回"计算机管理"窗口后，可看到"磁盘 1"已处于"联机"状态。

4.1.3 新建简单卷

步骤 1：右击"磁盘 1"容量的区域，然后在弹出的快捷菜单中选择"新建简单卷"命令，如图 4-1-5 所示。

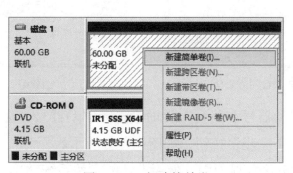

图 4-1-5 新建简单卷

📎 知识链接

分区，是指将一块磁盘的容量分成几个部分来使用，每一个部分称之为分区。在 Windows Server 系统中，分区分为主分区、扩展分区、逻辑分区 3 种类型。

卷，是指将磁盘分区按某种文件系统（如 NTFS）格式化后的存储区域，这个区域的标记称为卷标，也称"驱动器号"，日常所称的"C:"盘、"D:"盘，也指的是卷标。主分区可直接格式化为卷，扩展分区则必须再创建逻辑分区才能格式化为卷，因此，一些文献资料中也直接使用分区代指卷。

简单卷,是一种在一块磁盘中的连续存储区域,不支持跨多个磁盘扩展。简单卷的表现形式如 Windows 7 等桌面系统的一个驱动器。若磁盘类型默认为基本磁盘,则只支持创建简单卷,若为动态磁盘,则可创建多种类型的卷。

步骤 2:打开"新建简单卷向导"对话框,在"欢迎使用新建简单卷向导"界面中,单击"下一步"按钮,如图 4-1-6 所示。

步骤 3:在"指定卷大小"界面中输入卷大小,在本任务中,设置为 20 480 MB(即 20 GB),然后单击"下一步"按钮,如图 4-1-7 所示。

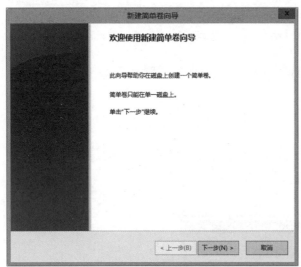

图 4-1-6 新建简单卷向导

图 4-1-7 指定卷大小

步骤 4:在"分配驱动器号和路径"界面中选择驱动器号,在本任务中,使用"F"作为驱动器号,然后单击"下一步"按钮,如图 4-1-8 所示。

步骤 5:在"格式化分区"界面中,使用默认的文件系统"NTFS",然后单击"下一步"按钮,如图 4-1-9 所示。

步骤 6:在"正在完成新建简单卷向导"界面中查看汇总信息,确认无误后单击"完成"按钮,如图 4-1-10 所示。

步骤 7:返回"计算机管理"窗口,可看到新建的简单卷"F:"。使用相同步骤在剩余磁盘空间中创建另一个简单卷"G:",容量大小为 30 GB,结果如图 4-1-11 所示。

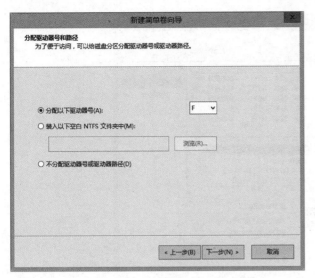

图 4-1-8 分配驱动器号和路径

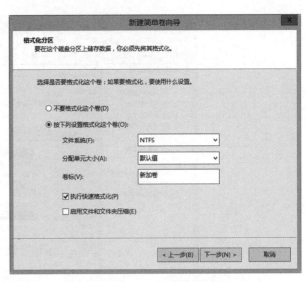

图 4-1-9 格式化分区

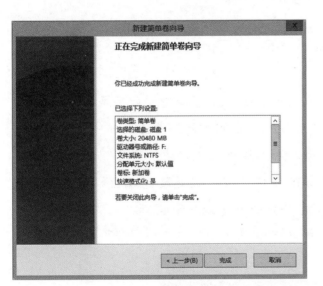

图 4-1-10 完成新建简单卷向导

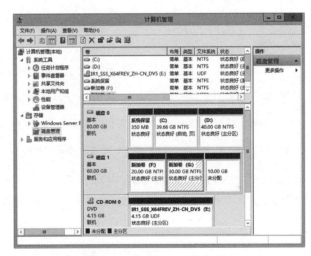

图 4-1-11 简单卷创建完成

4.1.4 扩展卷

当卷容量不能满足需要时，可以使用"扩展卷"功能将未分配的磁盘空间划分到现有卷中。在本任务中，将对简单卷"G:"进行扩展。

步骤 1：在"磁盘管理"窗口中，右击卷"G:"，在弹出的快捷菜单中选择"扩展卷"命令，如图 4-1-12 所示。

步骤 2：打开"扩展卷向导"对话框，单击"下一步"按钮，如图 4-1-13 所示。

步骤 3：在"选择磁盘"界面中选择"磁盘 1"，输入需要扩展的磁盘空间大小（默认为所有未分配空间），在本任务中，输入最大可用空间量，然后单击"下一步"按钮，如图 4-1-14 所示。

步骤 4：在"完成扩展卷向导"界面中单击"完成"按钮，如图 4-1-15 所示。

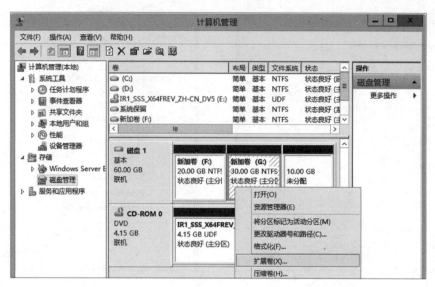

图 4-1-12　对指定卷进行扩展

经验分享

　　为什么"扩展卷"命令有时无法选择？Windows Server 系统中，如果是基本磁盘管理，则"扩展卷"功能只能将后续相邻的"未分配"空间扩展到前面的卷中，例如，一个卷 A 后续相邻的是另外一个卷 B，则卷 A 无法扩展，故此时"扩展卷"命令不可使用。如果要把一个卷扩展到不相邻的"未分配空间"里，或想要跨磁盘扩展空间，则必须将磁盘转换为动态磁盘，在后续任务中将要介绍动态磁盘管理。

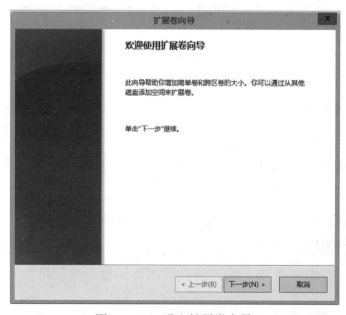

图 4-1-13　进入扩展卷向导

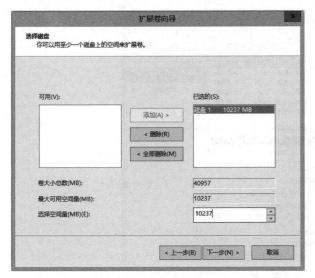

图 4-1-14　选择磁盘并输入要扩展的空间量

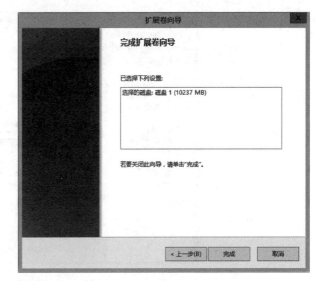

图 4-1-15　完成扩展卷向导

步骤 5：返回"计算机管理"窗口的"磁盘管理"选项中，可以看到卷"G:"的容量已由 30GB 扩容至 40GB，如图 4-1-16 所示。

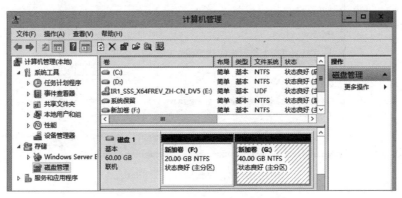

图 4-1-16　扩展卷后的卷容量

4.1.5　压缩卷

当需要减小卷容量进而释放出"未分配"空间时，可以对卷进行压缩。在本任务中，将对简单卷"F:"盘进行压缩。

步骤 1：在"计算机管理"窗口的"磁盘管理"选项中，右击卷"F:"，在弹出的快捷菜单中选择"压缩卷"命令，如图 4-1-17 所示。

步骤 2：在"压缩 F:"对话框中输入压缩空间量，在本任务中，要压缩出 5GB 的容量，因此在"输入压缩空间量（MB）"后的文本框中输入"5120"，然后单击"压缩"按钮，如图 4-1-18 所示。

步骤 3：返回"计算机管理"窗口的"磁盘管理"选项中，可看到卷"F:"的容量已由 20 GB 变为 15 GB，同时出现了 5 GB 的"未分配"空间，如图 4-1-19 所示。

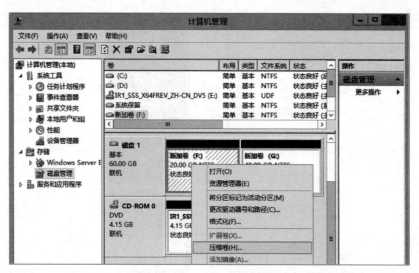

图 4-1-17　选择要压缩的卷

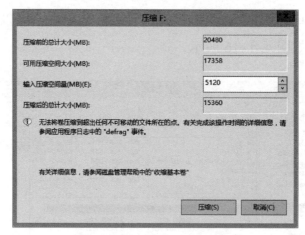

图 4-1-18　输入压缩空间量

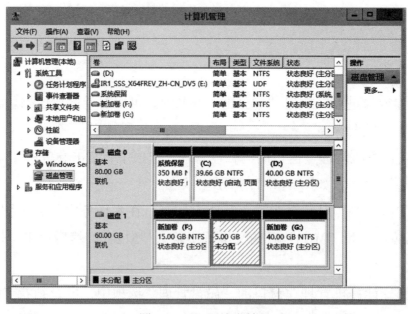

图 4-1-19　压缩卷效果

4.1.6　创建扩展分区和逻辑分区

在 Windows Server 2012 R2 等系统中，在一块磁盘上只能创建 4 个主分区，或最多创建 3 个主分区加 1 个扩展分区，再将扩展分区划分为多个逻辑分区。如需要将第 2 个分区直接创建为扩展分区，则需要使用命令提示符运行"diskpart"工具。

 经验分享

重装 Windows 7 或后续版本的操作系统时，如何避免选错系统盘？多数情况下，由于 Windows 7 以后的操作系统默认创建的前 3 个分区均为主分区，即"C:""D:""E:"都是主分区，在重新安装操作系统时容易将"D:""E:"误认为是"C:"，重装后虽然系统能正常启动，但原来"D:"或"E:"保存的数据会被覆盖。因此，可将除系统盘以外的分区都划分到扩展分区，然后再进一步划分逻辑分区，这样就只有"C:"为主分区。

步骤 1：运行"cmd"命令打开命令提示符，输入"diskpart"命令然后按 Enter 键，在"DISKPART>"提示符后依次输入表 4–1–1 中的命令，结果如图 4–1–20~ 图 4–1–22 所示。

表 4–1–1　磁盘分区工具 diskpart 命令表

diskpart 子命令步骤	作用	本任务检查点
list disk	显示磁盘列表	能够显示具有未分配空间的磁盘 1
select disk 1	选择磁盘 1	磁盘 1 成为所选磁盘
list partition	显示分区列表	显示现有的两个主要分区
create partition extended	将所有未分配空间创建为扩展分区	显示成功创建指定分区
list partition	显示分区列表	显示创建完成的扩展分区
create partition logical size = 5120	在扩展分区内创建逻辑分区（单位 MB）	显示成功创建指定分区
list partition	显示分区列表	显示创建完成的逻辑分区
format quick	快速格式化卷	显示格式化完成

步骤 2：再次打开"计算机管理"窗口的"磁盘管理"选项，即可看到扩展分区（中间下方"H:"盘显示区域）和其中的逻辑分区（中间下方"F:"盘和"G:"盘显示区域），右击该逻辑分区，在弹出的快捷菜单中选择"更改驱动器号和路径"命令，然后指定一个驱动器号，结果如图 4–1–23 所示。

图 4-1-20　创建扩展分区

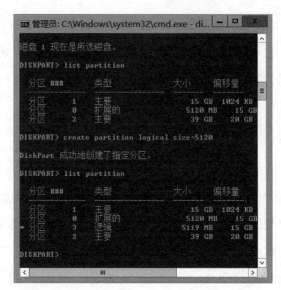

图 4-1-21　在扩展分区中创建逻辑分区

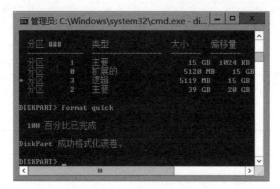

图 4-1-22　快速格式化卷

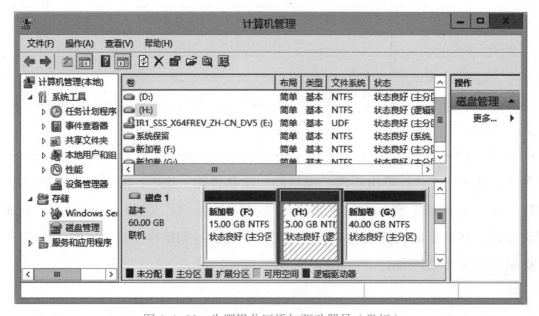

图 4-1-23　为逻辑分区添加驱动器号（卷标）

相关知识

1. MBR、GPT

磁盘首次联机、初始化时，会要求用户选择分区表样式为 MBR（默认）或 GPT。

MBR（Master Boot Record，主引导记录）是传统的磁盘分区表，常在个人计算机或小型服务器中使用，它位于磁盘存储位置最前端，BIOS（有些主板显示为 Legacy BIOS）引导后会读取 MBR，由 MBR 确定如何引导系统，MBR 最大支持 2TB 的磁盘容量。

GPT（GUID Partition Table，全局唯一标识分区表）是新的磁盘分区表，在硬盘超过 2TB 容量时，需要使用此种分区表样式。GPT 可兼容 MBR，含有主要分区表和备份分区表以提供引导的容错功能。如使用 GPT 分区表，必须使用 UEFI BIOS，VMware Workstation Pro 15 创建的虚拟机支持 UEFI。

2. 基本磁盘、动态磁盘

基本磁盘是指包含主分区、扩展分区或逻辑分区的物理磁盘，只能创建简单卷。

动态磁盘强调了磁盘的扩展性，一般用于创建跨越多个磁盘的卷。例如，跨区卷、带区卷、镜像卷、RAID 5 卷，动态磁盘也支持简单卷。

任务 4.2　管理动态磁盘

任务描述

浩海职业学校的王老师要依据学校的数据存储需求，使用动态磁盘管理技术在服务器上新建跨区卷、带区卷、镜像卷和 RAID 5 卷。

任务实施

4.2.1　新建跨区卷

本任务使用虚拟机"server3"完成相关操作。

1. 添加磁盘，联机、初始化磁盘

步骤 1：为虚拟机"server3"添加两块"SCSI"接口的磁盘，容量分别为 50 GB 和 20 GB。

步骤 2：将磁盘联机、初始化。

 操作提示

　　如果使用虚拟机完成本任务，需要为虚拟机添加 SCSI、SATA、NVMe 等接口类型的磁盘，使用 IDE 接口的磁盘无法进行动态磁盘管理。

2. 将磁盘转换为动态磁盘

　　步骤 1：在"计算机管理"窗口的"磁盘管理"选项中右击"磁盘 1"或"磁盘 2"，在弹出的快捷菜单中选择"转换到动态磁盘"命令，如图 4-2-1 所示。

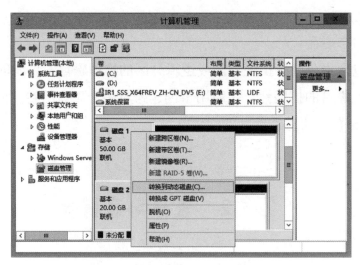

图 4-2-1　转化到动态磁盘

　　步骤 2：在"转换为动态磁盘"对话框中勾选"磁盘 1"和"磁盘 2"复选框，然后单击"确定"按钮完成转换，如图 4-2-2 所示。

3. 新建跨区卷

　　步骤 1：在"计算机管理"窗口的"磁盘管理"选项中，右击"磁盘 1"，在弹出的快捷菜单中选择"新建跨区卷"命令，如图 4-2-3 所示。

 知识链接

　　跨区卷，一般用于扩展卷的存储容量，由 2~32 个动态磁盘分区组成，能有效利用磁盘空间，其卷容量大小为卷成员的总和，用户使用卷标访问时显示的是一个磁盘分区。数据按组成跨区卷的先后顺序进行写入，前一磁盘用满后，才会向后面的磁盘中写入数据。

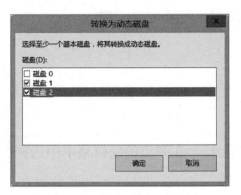

图 4-2-2　选择要转换的磁盘　　　　　　　图 4-2-3　新建跨区卷

步骤 2：在"新建跨区卷"向导的"欢迎使用新建跨区卷向导"界面中单击"下一步"按钮。

步骤 3：在"选择磁盘"界面中选择"可用"列表框中的"磁盘 2"，然后单击"添加"按钮将"磁盘 2"移动到"已选的"列表框，结果如图 4-2-4 所示，然后单击"下一步"按钮。

步骤 4：在"分配驱动器号和路径"界面中，为跨区卷分配磁盘驱动器号，本任务使用默认的"F:"盘，然后单击"下一步"按钮。

步骤 5：在"卷区格式化"对话框中，设置文件系统类型为"NTFS"，勾选"执行快速格式化"复选框，然后单击"下一步"按钮。

步骤 6：在"正在完成新建跨区卷向导"界面中单击"完成"按钮。

步骤 7：返回"计算机管理"窗口的"磁盘管理"选项，可看到"磁盘 1"和"磁盘 2"共同组成了跨区卷"F:"，卷容量为 70 GB，如图 4-2-5 所示。

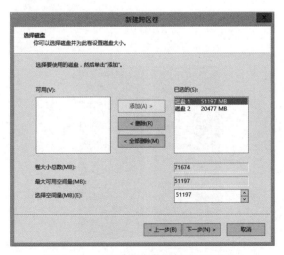

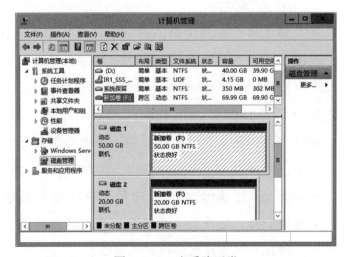

图 4-2-4　需要新建跨区卷的磁盘　　　　　　图 4-2-5　查看跨区卷

4.2.2 新建带区卷

本任务使用虚拟机"server4"完成相关操作。

1. 添加磁盘，联机、初始化磁盘

步骤1：为虚拟机"server4"添加两块"SCSI"接口的磁盘，容量均为30GB。

步骤2：将磁盘联机、初始化。

2. 将磁盘转换为动态磁盘

在"磁盘管理"选项中将两块磁盘转换为动态磁盘。

3. 新建带区卷

步骤1：右击要组成带区卷的磁盘，本任务中右击"磁盘1"，在弹出的快捷菜单中选择"新建带区卷"命令，如图4-2-6所示。

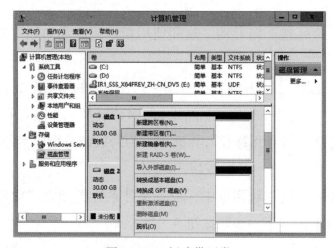

图4-2-6 新建带区卷

知识链接

带区卷，常用于提高存储的速度，由2~32个分别位于不同磁盘的分区组成，采用RAID 0技术（一种为提高存储性能而产生的分散存储技术），也称为"RAID 0卷""条带卷""负载均衡卷"，其卷容量大小为卷成员的总和。带区卷中每个分区大小相同，数据默认以每64KB为一个数据块平均存储在各分区上，如图4-2-7所示。带区卷不具备数据容错功能，卷中的一个磁盘出现故障数据就会丢失，并且一旦创建无法再扩展容量。

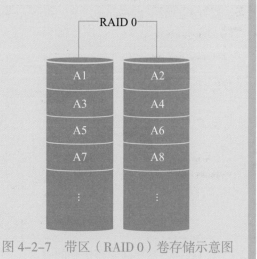

图4-2-7 带区（RAID 0）卷存储示意图

知识链接

RAID（Redundant Arrays of Independent Disks，独立磁盘冗余阵列）是一种把多个独立磁盘组成一个兼容大容量、高性能、高可靠性的磁盘系统，适用于对数据存储有一定要求的工作环境。

步骤 2：在"新建带区卷"向导的"欢迎使用新建带区卷向导"界面中单击"下一步"按钮。

步骤 3：在"选择磁盘"界面中选择"可用"列表框中的"磁盘 2"，然后单击"添加"按钮将"磁盘 2"移动到"已选的"列表框，然后单击"下一步"按钮。

步骤 4：在"分配驱动器号和路径"界面中，为带区卷分配磁盘驱动器号，本任务使用默认的"F:"，然后单击"下一步"按钮。

步骤 5：在"卷区格式化"对话框中，设置文件系统类型为"NTFS"，勾选"执行快速格式化"复选框，然后单击"下一步"按钮。

步骤 6：在"正在完成新建带区卷向导"界面中单击"完成"按钮。

步骤 7：返回"计算机管理"窗口的"磁盘管理"选项中，可看到"磁盘 1"和"磁盘 2"共同组成了带区卷"F:"，卷容量为 60 GB，如图 4-2-8 所示。

图 4-2-8 查看带区卷

4.2.3 新建镜像卷

本任务使用虚拟机"server5"完成相关操作。

1. 添加磁盘，联机、初始化磁盘

步骤1：为虚拟机"server5"添加两块"SCSI"接口的磁盘，容量均为40 GB。

步骤2：将磁盘联机、初始化。

2. 将磁盘转换为动态磁盘

在"磁盘管理"选项中将两块磁盘转换为动态磁盘。

3. 新建镜像卷

步骤1：右击要组成镜像卷的磁盘，本任务中右击"磁盘1"，在弹出的快捷菜单中选择"新建镜像卷"命令，如图4-2-9所示。

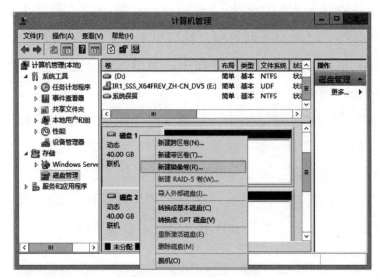

图4-2-9 新建镜像卷

知识链接

镜像卷，常用于提高存储系统的可靠性，是由两个分别位于不同磁盘、容量大小相同的分区组成的逻辑卷，采用 RAID 1 技术（一种为提高数据可靠性而产生的备份存储技术），也称"RAID 1 卷"。数据保存到镜像卷时，会将一份相同的数据同时保存到两个卷成员中，如图4-2-10所示，其总磁盘使用率为50%。镜像卷一旦创建，无法再扩展容量。

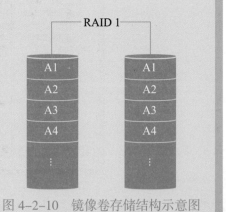

图4-2-10 镜像卷存储结构示意图

步骤2：在"新建镜像卷"向导的"欢迎使用新建镜像卷向导"界面中单击"下一步"按钮。

步骤 3：在"选择磁盘"界面中选择"可用"列表框中的"磁盘 2"，然后单击"添加"按钮将"磁盘 2"移动到"已选的"列表框，然后单击"下一步"按钮。

步骤 4：在"分配驱动器号和路径"界面中，为镜像卷分配磁盘驱动器号，本任务使用默认的"F:"盘，然后单击"下一步"按钮。

步骤 5：在"卷区格式化"对话框中，设置文件系统类型为"NTFS"，勾选"执行快速格式化"复选框，然后单击"下一步"按钮。

步骤 6：在"正在完成新建镜像卷向导"界面中单击"完成"按钮。

步骤 7：返回"计算机管理"的"磁盘管理"选项中，可看到"磁盘 1"和"磁盘 2"共同组成了镜像卷"F:"，卷容量为 40 GB，如图 4-2-11 所示。

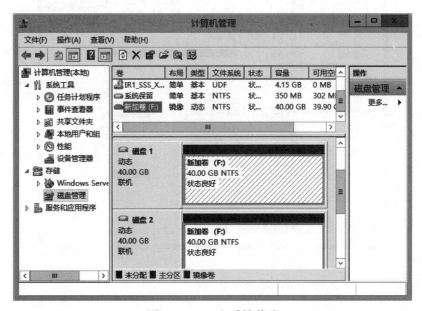

图 4-2-11 查看镜像卷

4.2.4 新建 RAID 5 卷

本任务使用虚拟机"server6"完成相关操作。

1. 添加磁盘，联机、初始化磁盘

步骤 1：为虚拟机"server6"添加 3 块"SCSI"接口的磁盘，容量均为 60 GB。

步骤 2：将磁盘联机、初始化。

2. 将磁盘转换为动态磁盘

在"磁盘管理"选项中将 3 块磁盘转换为动态磁盘。

3. 新建 RAID 5 卷

步骤 1：右击要组成 RAID 5 卷的磁盘，本任务中右击"磁盘 1"，在弹出的快捷菜单中选择"新建 RAID-5 卷"命令，如图 4-2-12 所示。

操作提示

　　"RAID 5"是大多数系统的显示方法，但 Windows Server 2012 R2 系统将其显示为"RAID-5"，在本任务中，除系统界面有明确显示而使用"RAID-5"外，其他文字叙述均使用"RAID 5"。

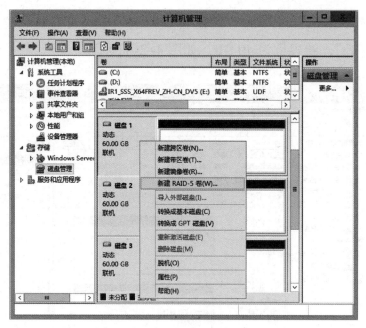

图 4-2-12　新建 RAID-5 卷

 知识链接

　　RAID 5 卷，常用在既要保证一定存取速度又要有一定可靠性的存储环境中，由 3~32 个分别位于不同磁盘、容量大小相同的分区组成。如果磁盘数为 n（3 ≤ n ≤ 32），数据保存到 RAID 5 卷时，按每 64 KB 为一块平均存储在 n-1 个分区上，剩余的 1 个分区存储数据的奇偶校验结果，如图 4-2-13 所示，其中，p 代表校验数据。在 RAID 5 卷中，允许一个卷成员发生故障，系统可根据校验计算出该成员上的数据。其总磁盘使用率为 (n-1)/n。RAID 5 卷一旦创建，将再无法扩展容量。

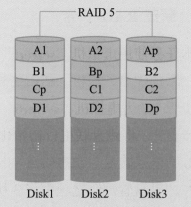

图 4-2-13　RAID 5 卷存储结构示意图

步骤 2 : 在"新建 RAID-5 卷"向导的"欢迎使用新建 RAID-5 卷向导"界面中，单击"下一步"按钮。

步骤 3 : 在"选择磁盘"界面中选择"可用"列表框中的"磁盘 2"，然后单击"添加"按钮将"磁盘 2"移动到"已选的"列表框内。使用相同操作步骤添加"磁盘 3"。

步骤 4 : 在"分配驱动器号和路径"界面中，为 RAID 5 卷分配磁盘驱动器号，本任务使用默认的"F:"盘，然后单击"下一步"按钮。

步骤 5 : 在"卷区格式化"对话框中，设置文件系统类型为"NTFS"，勾选"执行快速格式化"复选框，然后单击"下一步"按钮。

步骤 6 : 在"正在完成新建 RAID-5 卷向导"界面中，单击"完成"按钮。

步骤 7 : 返回"磁盘管理"选项，可看到"磁盘 1""磁盘 2"和"磁盘 3"共同组成了 RAID-5 卷"F:"，卷容量为 120 GB，如图 4-2-14 所示。

📖 经验分享

RAID 5 卷中的一个磁盘发生故障时，需要立即修复数据，建议将故障卷成员换新盘（新盘未分配容量≥正常卷成员容量），然后进行联机、初始化，再使用"修复卷"来重组 RAID 5 卷，数据同步后即可正常使用。

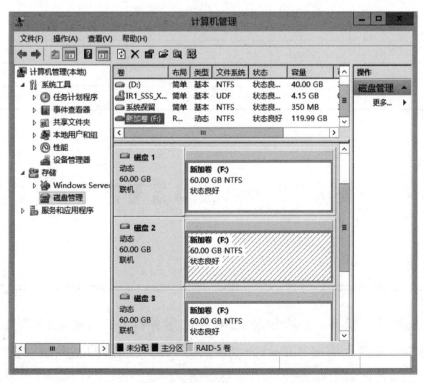

图 4-2-14　查看 RAID-5 卷

相关知识

1. 硬件 RAID 和软件 RAID

硬件 RAID，顾名思义就是使用额外的 RAID 卡等硬件来实现 RAID 功能，RAID 卡或主板所带的 RAID 功能模块有自己的处理芯片，数据处理效率高，可以独立于操作系统运行，因此可将操作系统安装到 RAID 卷中，但一般需要在安装操作系统前安装 RAID 卡的驱动和管理程序，适用于对数据存储要求较高的应用场合。

软件 RAID 通过操作系统来完成 RAID 功能，往往需要借助于操作系统下的某个功能模块来实现，会占用 CPU 和内存资源，对操作系统运行速度有一定影响，且数据处理的效率相较于硬件 RAID 来说较低，一般无法实现在软件 RAID 上安装操作系统。软件 RAID 节省了 RAID 卡等成本，且配置方式较为灵活，适用于不仅对数据存储具有一定要求还要考虑成本的应用场合。

2. 常见 RAID 特点比较（表 4-2-1）

表 4-2-1　常见 RAID 特点比较

RAID 级别	RAID 0	RAID 1	RAID 5	RAID 10
别名	条带阵列	镜像阵列	分散校验条带阵列	镜像阵列条带
容错性	无	有	有	有
冗余类型	无	副本	校验	副本
热备操作	不可以	可以	可以	可以
磁盘数量	≥2	2	≥3	≥2n（n 为正整数，且 n≥2）
磁盘利用率	100%	50%	(n-1)/n	n/2
读性能	高	低	高	中等
数据可靠性	最差	最好	好	好

任务 4.3　使用 BitLocker 驱动器加密技术保护数据

任务描述

为满足浩海职业学校 Windows Server 2012 R2 服务器上的数据加密需求，负责机房管理的王老师将在服务器上添加 BitLocker 功能，并为需要加密的驱动器设置解锁密码、备份恢复密钥，实现对特定驱动器数据的加密存储。

任务实施

本任务使用虚拟机"server2"的"H:"盘完成相关操作。

4.3.1　添加 BitLocker 功能

步骤 1：在"服务器管理器"窗口中，依次选择"仪表板"→"快速启动"→"添加角色和功能"命令。

步骤 2：打开"添加角色和功能向导"窗口后，在"开始之前"界面单击"下一步"按钮。

步骤 3：在"选择安装类型"界面中，选中"基于角色或基于功能的安装"单选按钮，然后单击"下一步"按钮。

步骤 4：在"选择目标服务器"界面中选中"从服务器池中选择服务器"单选按钮，然后选择本任务所使用的服务器"server2"，单击"下一步"按钮。

步骤 5：在"选择服务器角色"界面中，单击"下一步"按钮。

步骤 6：在"选择功能"界面中，勾选"BitLocker 驱动器加密"复选框，然后在弹出"添加 BitLocker 驱动器加密 所需的功能？"对话框中单击"添加功能"按钮，返回"选择功能"窗口后单击"下一步"按钮，如图 4-3-1 所示。

图 4-3-1　添加 BitLocker 功能

知识链接

BitLocker，是自 Windows Vista 系统开始推出的一种数据保护技术，与使用 EFS 对文件或文件夹进行加密有所不同。BitLocker 是通过对驱动器进行加密，进而加密对应驱动器内的所有数据。

BitLocker 可以使用 TPM（Trusted Platform Module，受信任的平台模块，是一些计算机主板上带有的安全模块芯片）保护计算机系统和数据。不使用或计算机上不具备 TPM 时，也可以使用密码、密钥方式保护数据。使用 BitLocker 的驱动器必须采用 NTFS 文件系统格式。

步骤 7：在"添加角色和功能向导"窗口的"确认安装所选内容"界面中，勾选"如果需要，自动重新启动目标服务器"复选框，在弹出的重启确认对话框中单击"是"按钮，然后单击"安装"按钮，如图 4-3-2 所示。

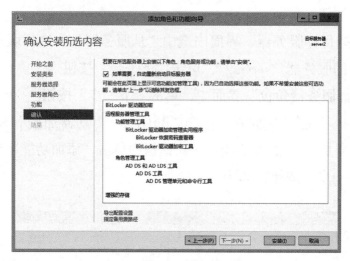

图 4-3-2　确认安装所选内容

步骤 8：安装完成且自动重启后，在"安装进度"界面中确认完成后单击"关闭"按钮，如图 4-3-3 所示。

图 4-3-3　确认安装进度

4.3.2 设置 BitLocker 加密服务自动启动

步骤 1：右击"开始"按钮，在弹出的快捷菜单中选择"运行"命令，打开"运行"对话框，在"打开"文本框中输入命令"services.msc"，单击"确定"按钮，如图 4-3-4 所示。

步骤 2：进入"服务"窗口后，双击"BitLocker Drive Encryption Service"服务，如图 4-3-5 所示。

图 4-3-4 打开服务管理工具

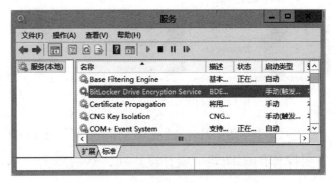

图 4-3-5 选择 BitLocker 加密服务

步骤 3：在"BitLocker Drive Encryption Service 的属性"对话框中的"启动类型"下拉列表中，选择"自动"选项将该服务设置为开机自动启动，然后单击"启动"按钮立即启动该服务，待服务启动完成后再单击"确定"按钮，设置结果如图 4-3-6 所示。

图 4-3-6 启动 BitLocker 加密服务并设置为自动启动

4.3.3 加密驱动器

步骤 1：在"开始"菜单中打开"控制面板"，单击"系统和安全"链接，如图 4-3-7

所示。

步骤 2：进入"系统和安全"窗口后，单击"BitLocker 驱动器加密"链接，如图 4-3-8 所示，若窗口中无此链接可重启计算机再次尝试。

图 4-3-7　选择"系统和安全"

图 4-3-8　单击"BitLocker 驱动器加密"链接

步骤 3：在"BitLocker 驱动器加密"窗口中，单击"H: BitLocker 已关闭"（"H:"为本任务要操作的驱动器）展开设置项，然后单击"启用 BitLocker"链接，如图 4-3-9 所示。

图 4-3-9　启用指定驱动器的 BitLocker 功能

步骤 4：打开"BitLocker 驱动器加密（H:）"对话框，在"选择希望解锁此驱动器的方式"界面中，勾选"使用密码解锁驱动器"复选框，输入两遍密码后单击"下一步"按钮，如图 4-3-10 所示。

安全提示

默认情况下，使用 BitLocker 的密码解锁方式，则必须输入符合复杂度要求的强密码，即必须包含大小写字母、数字、空格和符号，且密码长度大于或等于 8 个字符。由于不同操作系统对强密码的复杂度和最小长度等要求略有不同，此处输入的密码只适用于 BitLocker。

步骤 5：在"你希望如何备份恢复密钥？"界面中，单击"保存到文件"选项，如图 4-3-11 所示。

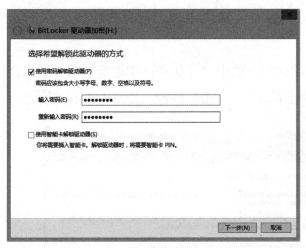 

图 4-3-10　设置解锁驱动器方式　　　　　图 4-3-11　选择备份恢复密钥的方式

步骤 6：在"将 BitLocker 恢复密钥另存为"界面中，设置密钥的保存位置和文件名，然后单击"保存"按钮，如图 4-3-12 所示。

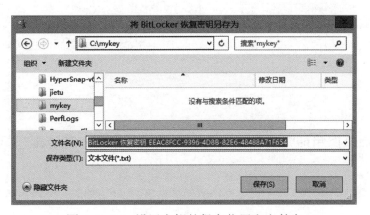

图 4-3-12　设置密钥的保存位置和文件名

安全提示

如果忘记 BitLocker 加密驱动器的解锁密码，而且无法找到恢复密钥文件的情况下，则该驱动器的数据将无法访问。为了保证恢复密钥文件的安全性，BitLocker 不允许将恢复密钥保存到不可移动驱动器的根目录下，建议保存到 U 盘等额外设备的非根目录下。不同恢复密钥的 ID 不同，如果有多个恢复密钥，在使用时则必须导入对应的密钥方能解锁驱动器。此外，如果一个驱动器设置了解锁密码并备份了恢复密钥，即使更改了解锁密码，使用恢复密钥依然能够解锁驱动器。

步骤 7：在"你希望将恢复密钥保存在这台电脑上吗？"界面中，单击"是"按钮，如图 4-3-13 所示。

步骤 8：返回"你希望如何备份恢复密钥？"界面，确认出现"已保存恢复密钥"提示后，单击"下一步"按钮。

步骤 9：在"选择要加密的驱动器空间大小"界面中，选中"仅加密已用磁盘空间（最适合于新电脑或新驱动器，且速度较快）"单选按钮，然后单击"下一步"按钮，如图 4-3-14 所示。

图 4-3-13　确认保存方式

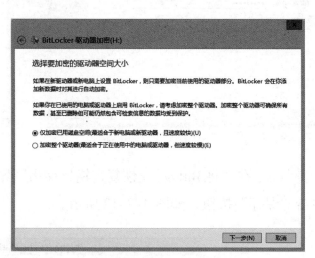

图 4-3-14　选择要加密的驱动器空间大小

经验分享

如果是加密已经使用的驱动器，则需要选择"加密整个驱动器"，驱动器中数据越多加密速度越慢。

步骤 10：在"是否准备加密该驱动器？"界面中单击"开始加密"按钮，如图 4-3-15 所示。

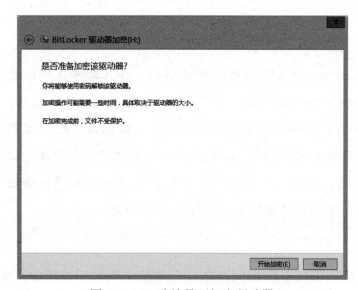

图 4-3-15　确认是否加密驱动器

步骤 11：弹出 "H: 的加密已完成。" 的对话框后则可单击 "关闭" 按钮，如图 4-3-16 所示。

步骤 12：打开 "这台电脑" 窗口后，当驱动器图标上出现一个打开状态的锁即表示启用了 BitLocker 功能，但当前处于解锁状态，如图 4-3-17 所示。

图 4-3-16　加密成功提示

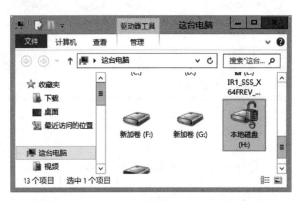

图 4-3-17　驱动器启动 BitLocker 功能

4.3.4　使用密码解锁驱动器

步骤 1：重新启动操作系统后，再次进入 "这台电脑" 窗口，可看到驱动器 "H:" 图标上出现一个锁止状态的锁，表示处于加密状态，双击该驱动器，如图 4-3-18 所示。

> **经验分享**
>
> 首次使用 BitLocker 设置驱动器加密或解锁后，驱动器将处于解锁状态，如需变为加密状态可以采用 3 种方式：重新启动计算机、将驱动器所在磁盘脱机再联机、在命令提示符中执行 "manage-bde -lock X:"（不含双引号，"X:" 为驱动器号）。

步骤 2：在弹出的对话框中，输入解锁密码后单击 "解锁" 按钮，如图 4-3-19 所示。

图 4-3-18　查看驱动器状态

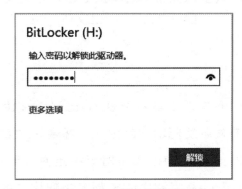

图 4-3-19　输入解锁密码

步骤 3：解锁后可双击进入驱动器正常访问数据，如图 4-3-20 和图 4-3-21 所示。

图 4-3-20   解锁驱动器

图 4-3-21   访问驱动器

4.3.5   使用恢复密钥解锁驱动器

在使用 BitLocker 过程中，一旦忘记解锁密码，则只能使用恢复密钥解锁驱动器。

步骤 1：打开恢复密钥文件，将 48 位恢复密钥内容复制到剪切板，如图 4-3-22 所示。

步骤 2：双击处于 BitLocker 加密状态的驱动器，在弹出的对话框中单击"更多选项"链接，此链接会变为"更少选项"，然后单击"输入恢复密钥"链接，如图 4-3-23 所示。在弹出的恢复密钥输入对话框中粘贴已复制的密钥内容，再单击"解锁"按钮，如图 4-3-24 所示。

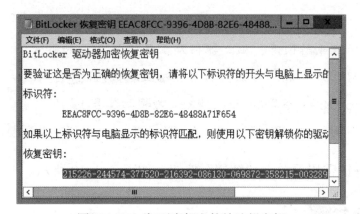

图 4-3-22   打开密钥文件并选择密钥

图 4-3-23   选择使用恢复密钥解锁驱动器

经验分享

手工方式输入 BitLocker 的 48 位密钥很容易出错，建议在有恢复密钥文件的情况下采用复制密钥的方式。需要注意的是，如果先打开"输入恢复密钥"（本步骤中的"BitLocker（H:）"）对话框后再打开恢复密钥文件，则前者会自动消失，因此，建议先打开恢复密钥文件复制密钥到剪切板，再打开输入解锁密钥对话框进行粘贴。

步骤 3：密钥解锁成功后，如图 4-3-25 所示。

图 4-3-24　输入密钥

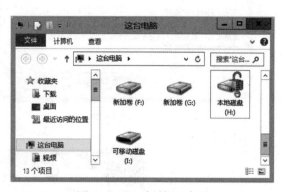

图 4-3-25　解锁驱动器

经验分享

　　使用恢复密钥解锁驱动器后，解锁状态只能保持到驱动器重新联机前。如使用恢复密钥的目的是重置 BitLocker 解锁密码，则可在解锁后右击驱动器，在弹出的快捷菜单中选择"管理 BitLocker 密码"命令，然后在"更改密码"对话框中单击"重置已忘记的密码"链接来修改密码。

4.3.6　关闭驱动器的 BitLocker 加密

　　步骤 1：若要关闭驱动器的 BitLocker 加密，则可在"BitLocker 驱动器加密"窗口中选择对应的驱动器，然后单击"关闭 BitLocker"链接，如图 4-3-26 所示。

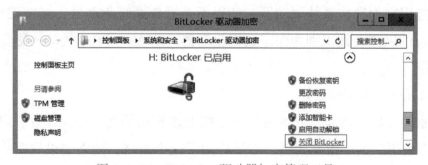

图 4-3-26　BitLocker 驱动器加密管理工具

　　步骤 2：在弹出的对话框中单击"关闭 BitLocker"按钮，如图 4-3-27 所示。

　　步骤 3：出现"H: 的解密已完成"消息提示即表示已经成功关闭驱动器的 BitLocker 功能，如图 4-3-28 所示。

　　步骤 4：再次进入"这台电脑"窗口，可看到驱动器已关闭 BitLocker 功能，如图 4-3-29 所示。

图 4-3-27 关闭 BitLocker

图 4-3-28 解密完成

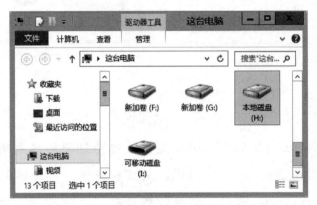

图 4-3-29 查看驱动器状态

相关知识

1. BitLocker 的驱动器类型

在 Windows Server 2012 R2 中，BitLocker 将加密的驱动器分为 3 种类型：操作系统驱动器、固定数据驱动器、可移动数据驱动器。系统所在驱动器（一般 Windows 的系统盘驱动器号为 C:）会被识别为操作系统驱动器，如果不是操作系统驱动器，则按磁盘的接口识别，IDE、SATA 接口的磁盘会被识别为固定数据驱动器，NVMe、SCSI 接口的磁盘会被识别为可移动数据驱动器。

2. 有关 BitLocker 的密码策略

BitLocker 驱动器加密所涉及的组策略也要按上述驱动器类型分别设置。以"需要对固定数据驱动器使用密码"这一策略为例，如果启用了这个策略，则需要设置密码的复杂性、最小密码长度等，这个设置只作用于被 BitLocker 识别为固定数据驱动器且启用了 BitLocker 加密的驱动器，并不会作用到操作系统驱动器、可移动数据驱动器。

要使 BitLocker 解锁密码的复杂度策略生效，还要启用组策略中"计算机配置"→"Windows 设置"→"安全设置"→"账户策略"→"密码策略"下的"密码必须符合复杂性要求"策略，但 BitLocker 的最小密码长度要求以自身的单独定义为准，不受账户策略的密码长度策略项影响。

项目 5

配置与管理文件服务器

文件服务器在企业内部使用较为频繁，用户可通过文件服务器与其他同事共享文件，而不再仅仅是使用 U 盘等方式。

文件服务器，一般是指通过 SMB（Server Message Block，服务器信息块）或 CIFS（Common Internet File System，通用 Internet 文件系统）协议实现文件共享的服务器。SMB 是 IBM 等公司基于 NetBIOS（Network Basic Input/Output System，网络基本输入输出系统）整理并推出的一种用于文件和打印共享的通信协议，微软等公司基于该协议推出 CIFS，而在 Linux 系统中实现 SMB 的软件包是 Samba。文件服务器采用 C/S（Client/Server，客户端 / 服务器）架构，由文件服务器提供文件共享，客户端用来访问共享文件，二者之间的访问连接称为共享会话。SMB 在传输层使用 445 端口（TCP），但由于 SMB 也会调用 NetBIOS 会话，因此也会用到 139 端口（TCP）和 137、138 端口（UDP）。

项目描述

菲燕公司是一家主营信息系统集成业务的公司，设有总经理领导下的研发部、销售部等部门。公司内部经常需要共享文件，并且总经理也会经常下发报表文件模板。

信息部小张要按照总经理要求部署一台文件服务器，从而满足公司文件共享需求，如图 5-0-1 所示。小张的主要工作是创建用于共享的文件夹，并按需要设置共享权限。此外，还需要对文件服务器进行资源管理，设置文件夹配额来限制共享文件夹的访问空间容量，设置文件屏蔽来限制用户上传文件的类型。一些员工在访问文件服务器时总是输错地址，小张可协助同事在客户端上将共享文件夹映射为本地磁盘，进而方便这些同事使用。

交换机

fs
IP地址：192.168.20.201
角色：文件服务器

客户端
IP地址：192.168.20.2

图 5-0-1　项目拓扑结构图

能力素质

- 了解 SMB、CIFS、UNC 的基本概念；
- 能够按不同用户权限需求创建共享文件夹来配置文件服务器；
- 能够设置文件夹配额、文件屏蔽属性实现对文件服务器的资源管理；
- 能够在文件服务器和客户端上查看和断开共享会话；
- 增强信息系统安全意识，能主动根据需求调整文件夹配额和文件屏蔽设置；
- 增强服务意识，能为用户使用文件服务器提供便捷方法。

任务 5.1　配置文件服务器

任务描述

　　菲燕公司具有文件共享需求，总经理要求信息部小张部署一台文件服务器。小张可以为销售部、研发部和总经理分别创建用户，见表 5-1-1，然后创建两个共享文件夹，并通过设置共享权限来完成文件服务器的配置，见表 5-1-2。

表 5-1-1　基本用户分配表

部门	用户	隶属组
销售部	lufei、renyanjun	xiaoshou、Users
研发部	wanghao、jiayanguang	yanfa、Users
总经理	makaiyan	Users

表 5-1-2　共享文件夹设置表

共享名	物理路径	共享权限	NTFS 权限
技术文档	D:\技术文档	销售部组"xiaoshou"具有读取权限； 研发部组"yanfa"具有完全控制权限	销售部组"xiaoshou"具有读取及有关权限； 研发部组"yanfa"具有完全控制及有关权限
公司文件模板	D:\公司文件模板	总经理用户"makaiyan"具有完全控制权限； 其他人具有读取权限	总经理用户"makaiyan"具有完全控制及有关权限； 其他人具有读取及有关权限

任务实施

在本任务中，使用操作系统为 Windows Server 2012 R2、计算机名为"FS"、IP 地址为 192.168.20.201/24 的服务器来实现任务需求，并在配置文件服务器前，已创建了任务需要的用户、组、文件夹、文件。

5.1.1　创建共享文件夹"技术文档"

步骤 1：打开"计算机管理"窗口，展开"计算机管理"→"系统工具"节点，单击"共享文件夹"选项，然后在中间列表框中右击"共享"选项，在弹出的快捷菜单中选择"新建共享"命令，如图 5-1-1 所示。

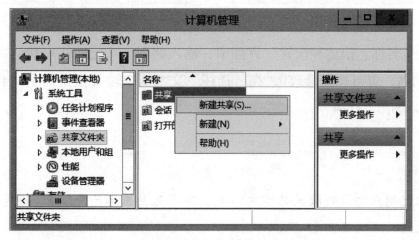

图 5-1-1　新建共享

步骤 2：弹出"创建共享文件夹向导"对话框后，单击"下一步"按钮，如图 5-1-2 所示。

操作提示

只能对文件夹和打印机设置共享，如需共享文件，可共享其所在的文件夹。

除在"计算机管理"窗口中使用向导方式共享文件夹外，也可以右击文件夹，在弹出的快捷菜单中选择"属性"命令，然后在"共享"选项卡中完成共享设置。

步骤 3：在"文件夹路径"界面中单击"浏览"按钮，在弹出的"浏览文件夹"对话框中选择本任务要共享的文件夹"D:\技术文档"，单击"确定"按钮后返回"文件夹路径"对话框即可看到已指定的文件夹路径，结果如图 5-1-3 所示。

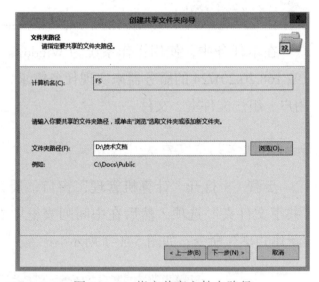

图 5-1-2　创建共享文件夹向导　　　　　　图 5-1-3　指定共享文件夹路径

步骤 4：在"名称、描述和设置"界面中，输入共享名（此处使用默认共享名，即与要共享的文件夹同名，也可按需修改），在"描述"文本框中输入相关说明，输入完成后单击"下一步"按钮，如图 5-1-4 所示。

操作提示

如果要设置用户访问时隐藏共享文件夹，需要其共享名后加"$"符号，例如，在本任务中可设置文件的共享名"技术文档 $"。

步骤 5：在"共享文件夹的权限"界面中，选中"自定义权限"单选按钮，然后单击"自定义"按钮来设置共享权限，如图 5-1-5 所示。

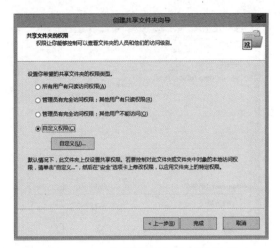

图 5-1-4　输入共享名和描述信息　　　　图 5-1-5　选择共享文件权限类型

经验分享

共享权限和 NTFS 权限的区别与联系：

① 作用范围有区别，共享权限只作用于文件夹或卷（分区）上，不能为文件设置共享权限，而 NTFS 权限则可以作用于文件、文件夹、卷（分区）上。

② 应用场景有区别，只有当用户通过网络访问共享文件夹时，共享权限才会起作用。需要注意的是，无论用户通过网络还是本地登录，NTFS 权限都会起作用。用户通过网络登录时，则共享权限、NTFS 权限同时起作用，且执行最严格的权限。

步骤 6：针对 3 个用户组设置权限。首先，在"自定义权限"对话框中，选择"组或用户名"列表框中的"Everyone"，单击"删除"按钮。然后，单击"添加"按钮，添加"xiaoshou"组并勾选"读取"复选框。最后，添加"yanfa"组并勾选"读取""更改""完全控制"复选框。设置完成后单击"确定"按钮，结果如图 5-1-6 和图 5-1-7 所示。

知识链接

共享权限仅应用于通过网络访问服务器资源的用户，具有 3 种权限。"读取"权限是分配给 Everyone 组的默认权限，"读取"权限允许查看文件名和子文件夹名、查看文件中的数据、运行程序文件。"更改"权限默认不分配给任何组，选中该权限，除允许其必需的"读取"权限外，还允许添加文件和子文件夹、更改文件中的数据、删除子文件夹和文件。"完全控制"权限是分配给本地计算机上的 Administrators 组的默认权限，除允许全部"读取"及"更改"权限外，还允许对 NTFS 权限进行更改。选中此权限则会自动选中"读取""更改"。

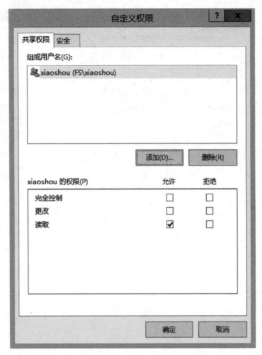

图 5-1-6   组 "xiaoshou" 的共享权限

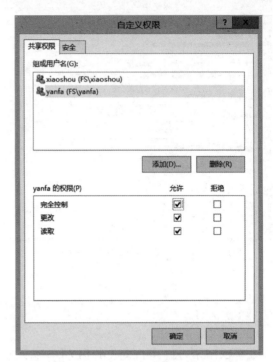

图 5-1-7   组 "yanfa" 的共享权限

步骤 7 : 返回 "共享文件夹的权限" 界面,单击 "完成" 按钮。

步骤 8 : 在 "共享成功" 界面中,单击 "完成" 按钮,如图 5-1-8 所示。

步骤 9 : 返回 "计算机管理" 窗口,再次单击 "共享" 选项,即可看到共享名为 "技术文档" 的共享文件夹,如图 5-1-9 所示。

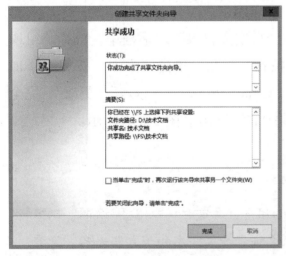

图 5-1-8   文件夹共享成功

图 5-1-9   查看服务器共享的文件夹

5.1.2   设置 "技术文档" 文件夹 NTFS 权限

步骤 1 : 打开 "这台电脑" 窗口,右击 "技术文档" 文件夹(路径为 "D:\ 技术文档"),在弹出的快捷菜单中选择 "属性" 命令,如图 5-1-10 所示。

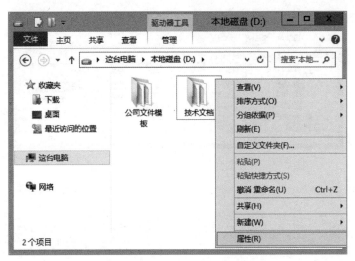

图 5-1-10　修改文件夹属性

　　步骤 2：在"技术文档 的权限"对话框的"安全"选项卡中，允许"xiaoshou"组具有与"读取"有关的 3 个权限（默认已勾选"读取和执行""列出文件夹内容""读取"3 个复选框，此处无须修改），允许"yanfa"组具有与写入有关的所有权限（勾选"完全控制"复选框，则其他权限也被自动勾选上），过程略，设置结果如图 5-1-11 和图 5-1-12 所示。

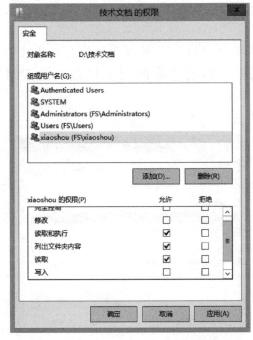

图 5-1-11　"xiaoshou"组的文件夹权限

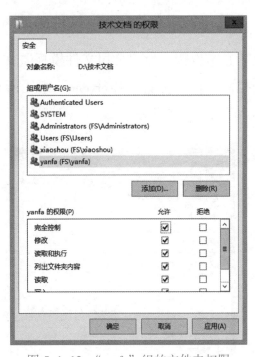

图 5-1-12　"yanfa"组的文件夹权限

5.1.3　创建共享文件夹"公司文件模板"

　　参考上述步骤，创建共享文件夹"公司文件模板"，设置该文件的共享权限为"Everyone"组允许"读取""makaiyan"用户允许"读取""写入""完全控制"，创建结果如图 5-1-13 所示。

图 5-1-13　创建共享文件夹"公司文件模板"

安全提示

2017 年，名为"WannaCry"的勒索病毒利用 Windows 7 等系统存在的 SMB 协议漏洞开始传播，这个漏洞即"永恒之蓝"（Eternal Blue）。黑客借助"永恒之蓝"工具，能够利用 SMB 协议的漏洞来获取系统最高权限。为防范安全隐患，管理员要养成升级软件的习惯，安装 MS17-010 公告中的补丁文件，或在不需要时停止 SMB 服务。

5.1.4　设置"公司文件模板"文件夹的 NTFS 权限

参考上述步骤，为"公司文件模板"文件夹设置 NTFS 权限为允许用户"makaiyan"具有完全控制权限，允许"Everyone"组（所有用户）具有读取的相关权限，设置结果如图 5-1-14 和图 5-1-15 所示。

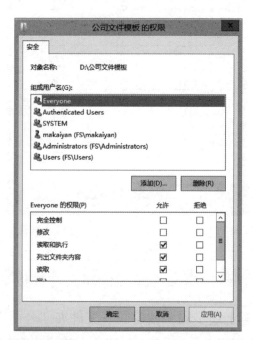

图 5-1-14　"makaiyan"用户的文件夹权限　　图 5-1-15　"Everyone"组的文件夹权限

5.1.5 在客户端上测试"技术文档"文件夹的读写权限

步骤 1：在客户端上打开文件资源管理器（本任务以 Windows 10 的"此电脑"窗口为例），在地址栏中输入文件服务器的 UNC 地址"\\192.168.20.201"，如图 5-1-16 所示。

图 5-1-16 使用 UNC 地址访问文件服务器

> **知识链接**
>
> UNC（Universal Naming Convention，通用命名约定）是在网络（主要是局域网）中访问共享资源的路径表示形式，其格式为"\\服务器名或 IP 地址\共享文件夹名\资源名"。例如，"\\192.168.20.201\mydoc\财务表.docx""\\SERVER6\D$\myshare\产品细信息.xls"等，访问隐藏的共享文件夹时需要加入"$"符号。

步骤 2：在弹出的"输入网络凭据"界面中，输入销售部用户"lufei"的用户名、密码，然后单击"确定"按钮登录，如图 5-1-17 所示。

步骤 3：成功登录文件服务器后即可看到共享文件夹，如图 5-1-18 所示。

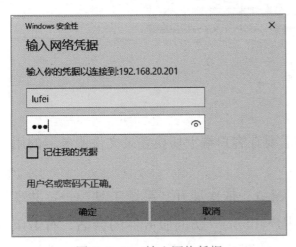

图 5-1-17 输入网络凭据

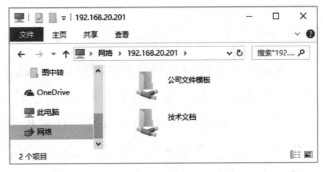

图 5-1-18 成功登录文件服务器

步骤 4：双击进入"技术文档"文件夹，双击"设备手册 .txt"即可打开该文本文档，表明具有读取权限，如图 5-1-19 所示。

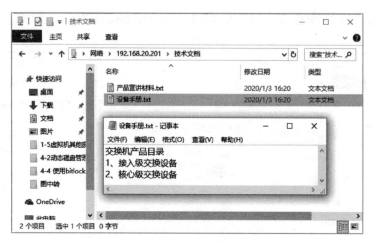

图 5-1-19　测试读取权限

步骤 5：修改文档"设备手册 .txt"内容后进行保存，或者在当前共享文件夹下新建、删除目录，均会看到"目标文件夹访问被拒绝"的警告信息，表明销售部组的用户"lufei"没有写入权限，如图 5-1-20 所示。

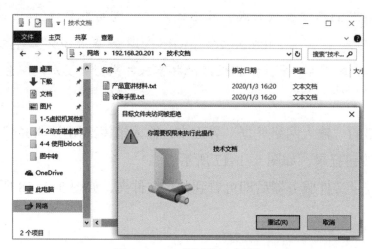

图 5-1-20　测试写入权限

5.1.6　在服务器上断开共享会话

Windows 文件服务的会话时间默认 15 min，如需要在客户端上切换登录文件服务器的用户，需要在服务器、客户端分别手动断开会话连接。

步骤 1：在文件服务器上打开"计算机管理"窗口，依次展开"系统工具"→"共享文件夹"节点，然后单击"会话"选项，可看到用户"lufei"访问服务器的会话，右击该会话，在弹出的快捷菜单中选择"关闭会话"命令，如图 5-1-21 所示。

步骤 2：在弹出对话框中单击"是"按钮确认关闭会话，如图 5-1-22 所示。

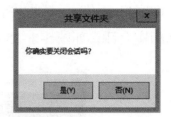

图 5-1-21 关闭会话　　　　　　　　　　图 5-1-22 确认关闭会话

步骤 3：返回后可看到用户"lufei"的会话已被删除，如图 5-1-23 所示。

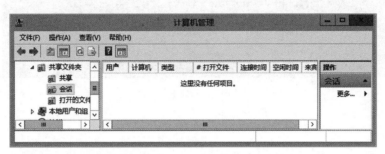

图 5-1-23 再次查看共享会话

📖 经验分享

为了更方便地切换访问文件服务器的会话账户，可在文件服务器上设置会话的空闲时间为 1 分钟。在"本地安全策略"管理工具中依次展开"安全设置"→"本地策略"→"安全选项"，将"Microsoft 网络服务器：暂停会话前所需的空闲时间数量"策略项的值设置为"1 分钟"，如图 5-1-24 所示，也可在命令提示符中输入"net config server /autodisconnect:1"命令得到同样效果。

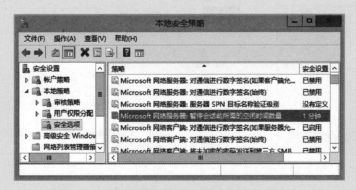

图 5-1-24 设置文件服务器会话的空闲时间

5.1.7　在客户端删除会话并切换用户测试

步骤 1：在客户机上打开"命令提示符"窗口，输入"net use"命令可看当前的共享会话，即客户端访问了哪些共享文件夹，再输入"net use \\192.168.20.201\IPC$ /del"命令可以删除相应会话，如图 5-1-25 所示。

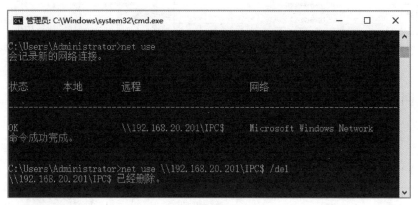

图 5-1-25　删除会话

操作提示

使用"net use */del"命令可快速删除当前所有的共享网络连接。

步骤 2：再次访问文件服务器，以"yanfa"组用户"wanghao"身份登录，如图 5-1-26 所示。

步骤 3：登录后访问共享文件夹"技术文档"进行测试，可看到此用户具有读取、写入权限，如图 5-1-27 所示。

图 5-1-26　登录文件服务器

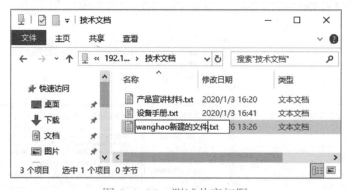

图 5-1-27　测试共享权限

任务拓展

① 在安装有 Windows 7 或 Windows 10 系统的计算机上设置共享文件夹，用户访问时无须密码且只有读取权限，完成测试并思考上述操作与在 Windows Server 2012 R2 上共享文件夹有何不同？

② 以安装有 Windows 7 或 Windows 10 系统的计算机作为客户端访问 Windows Server 2012 R2 上的 C 盘，思考其 UNC 地址的表示方法并进行实践，思考 Windows Server 系列系统默认共享有何优点与不足？

任务 5.2　使用文件夹配额、文件屏蔽实现文件服务器的访问限制

任务描述

菲燕公司信息部的小张已经按照总经理要求，配置了一台文件服务器。在使用过程中，有个别同事往共享文件夹中上传了一些视频文件，总经理要求小张予以删除，并希望能对文件上传进行限制。小张决定使用 Windows Server 2012 R2 中的"文件服务器资源管理器"这一管理工具，对共享文件夹设置配额和文件屏蔽，来限制共享文件夹的容量大小以及用户上传文件的类型。

任务实施

5.2.1　添加文件服务器资源管理器

步骤 1：在"服务器管理器"窗口中，依次选择"仪表板"→"快速启动"→"添加角色和功能"命令。

步骤 2：打开"添加角色和功能向导"窗口后，在"开始之前"界面单击"下一步"按钮。

步骤 3：在"选择安装类型"界面中，选中"基于角色或基于功能的安装"单选按钮，然后单击"下一步"按钮。

步骤 4：在"选择目标服务器"界面中选中"从服务器池中选择服务器"单选按钮，然后选择本任务所使用的服务器"fs"，单击"下一步"按钮。

步骤 5：在"选择服务器角色"界面中，依次展开"文件和存储服务"→"文件和

iSCSI 服务"，勾选"文件服务器资源管理器"复选框。在弹出的"添加文件服务器资源管理器所需的功能？"界面中单击"添加功能"按钮，返回确认角色处于已选中状态后单击"下一步"按钮，如图 5-2-1 所示。

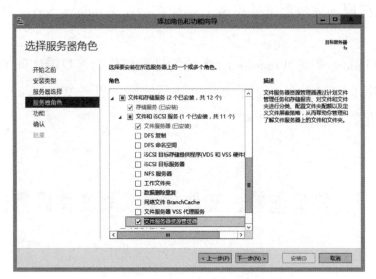

图 5-2-1　添加文件服务器资源管理器角色

步骤 6：在"选择功能"界面中，单击"下一步"按钮。

步骤 7：在"确认安装所选内容"界面中，单击"安装"按钮。

步骤 8：在"安装进度"界面中确认完成后单击"关闭"按钮，如图 5-2-2 所示。

图 5-2-2　确认安装进度

5.2.2　设置文件夹配额

步骤 1：在"服务器管理器"窗口中，单击"工具"菜单，然后选择"文件服务器资源管理器"命令，如图 5-2-3 所示。

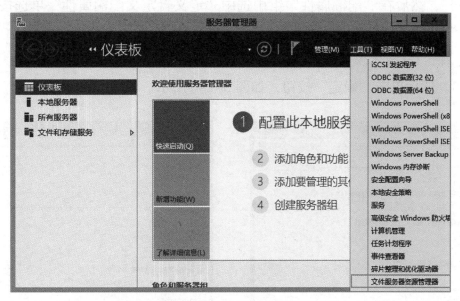

图 5-2-3　打开文件服务器资源管理器

步骤 2：在"文件服务器资源管理器"窗口中，展开左侧"文件服务器资源管理器"→"配额管理"节点，再双击"配额"选项，右击工作区空白处，在弹出的快捷菜单中选择"创建配额"命令，如图 5-2-4 所示。

图 5-2-4　"文件服务器资源管理器"窗口

📖 经验分享

　　配额，顾名思义就是分配的额度。在计算机系统中，配额指访问磁盘或文件夹的空间大小限制，分为磁盘配额、文件夹配额。磁盘配额可以限制用户、组所能访问指定磁盘的空间大小，只要是 NTFS 格式的磁盘，都可以在磁盘的"属性"中设置配额。文件夹配额可以限制用户访问指定文件夹的空间大小，必须安装"文件服务器资源管理器"角色才能进行设置。

步骤 3：在"创建配额"对话框中，单击"浏览"按钮选择或直接输入配额路径"D:\ 技术文档"，然后在"配额属性"组中选中"定义自定义配额属性"单选按钮，再单击"自定义属性"按钮，如图 5-2-5 所示。

步骤 4：在"D:\ 技术文档 的配额属性"对话框中，设置"空间限制"组中的"限制"容量为 50 MB，然后单击"确定"按钮，如图 5-2-6 所示。

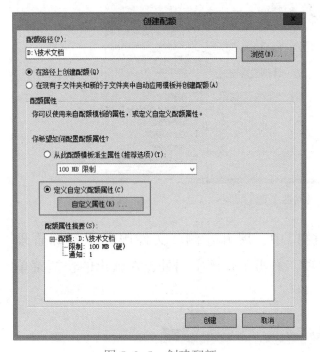

图 5-2-5   创建配额   图 5-2-6   设置空间限制容量

 知识链接

硬配额，即不允许用户超出文件夹所设置的最大空间容量。软配额，即用户可以超出文件夹所设置的最大空间容量，一般用于监视文件夹的大小。

步骤 5：返回"创建配额"对话框后可查看"配额属性摘要"，确认无误后单击"创建"按钮，如图 5-2-7 所示。

步骤 6：在"将自定义属性另存为模板"对话框中，选中"保存自定义配额，但不创建模板"单选按钮，然后单击"确定"按钮，如图 5-2-8 所示。

步骤 7：返回"文件服务器资源管理器"窗口后，可看到对"D:\ 技术文档"设置的文件夹配额已经生效，如图 5-2-9 所示。

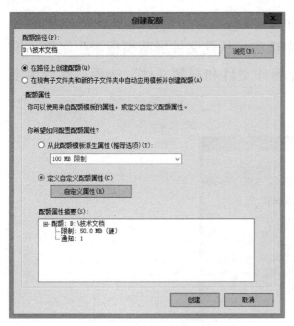

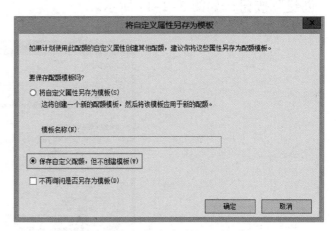

图 5-2-7   配额属性摘要　　　　　　　　　　　　图 5-2-8   保存自定义配额设置

图 5-2-9   文件夹配额设置结果

5.2.3   设置文件屏蔽

步骤 1：在"文件服务器资源管理器"窗口中，展开左侧"文件屏蔽管理"节点，双击"文件屏蔽"选项，右击工作区空白处，在弹出的快捷菜单中选择"创建文件屏蔽"命令，如图 5-2-10 所示。

图 5-2-10   "文件服务器资源管理器"窗口

步骤2：在"创建文件屏蔽"对话框中，单击"浏览"按钮选择或直接输入屏蔽路径"D:\技术文档"，然后在"文件屏蔽属性"组中选中"从此文件屏蔽模板派生属性（推荐选项）"单选按钮，在其下拉列表中选择"阻止音频文件和视频文件"选项，然后单击"创建"按钮，如图5-2-11所示。

图5-2-11　设置文件屏蔽属性

经验分享

在工作中，管理员可根据需求创建或编辑文件屏蔽模板、文件组，以便更好地管理文件。Windows Server 2012 R2默认支持的文件屏蔽模板包含：阻止音频文件和视频文件、阻止可执行文件、阻止图像文件、阻止电子邮件文件、监视可执行文件和系统文件；默认支持的文件组包含了Office文件、备份文件、电子邮件文件、可执行文件、临时文件、图像文件、网页文件、文本文件、系统文件、压缩文件、音频文件和视频文件。例如，需要添加新的文件类型到文件组中，可在"文件组"选项窗口中查看并编辑，添加文件扩展名，如图5-2-12所示。

图5-2-12　文件屏蔽中的文件组

步骤 3：返回"文件服务器资源管理器"窗口后，可看到对"D:\技术文档"设置的文件屏蔽已经生效，如图 5-2-13 所示。

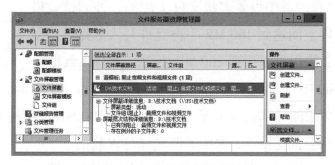

图 5-2-13 文件屏蔽设置结果

5.2.4 测试文件夹配额和文件屏蔽

步骤 1：测试文件夹配额。在客户端上以具有写入权限的用户"wanghao"（研发部用户，对共享文件夹具有完全控制权限）访问共享文件夹"技术文档"，然后上传文件测试，由于该共享文件夹的配额设置为 50MB 且为硬限制，因此当上传文件大小超过剩余空间容量时，会弹出"技术文档上空间不足"的提示，如图 5-2-14 所示。

步骤 2：测试文件屏蔽。以用户"wanghao"身份登录并上传视频文件，会弹出"目标文件夹访问被拒绝"的提示，如图 5-2-15 所示。

图 5-2-14 测试文件夹配额   图 5-2-15 测试文件屏蔽

📖 **经验分享**

　　为何在文件屏蔽中设置了阻止音频文件，个别文件音频还能上传呢？这是因为文件屏蔽所检查的是文件扩展名，未被"音频文件"等文件组包含的扩展名将不受阻止规则的限制。

任务拓展

在文件服务器资源管理器中设置多级文件夹配额，并测试效果。

① 设置 E:\dir1 使用空间达到 100 MB 不再允许写入数据。

② 设置 E:\dir1\dir2 使用空间达到 200 MB 不再允许写入数据。

③ 逐步向 E:\dir1\dir2 中写入数据测试，记录该文件夹提示"空间不足"时的实际使用空间。

④ 思考 E:\dir1\dir2 的配额测试效果是 100 MB 还是 200 MB？阐述其原因。

⑤ 设置 E:\dir3 使用空间达到 200 MB 不再允许写入数据。

⑥ 设置 E:\dir3\dir4 使用空间达到 100 MB 不再允许写入数据。

⑦ 逐步向 E:\dir3\dir4 中写入数据测试，记录该文件夹提示"空间不足"时的实际使用空间。

⑧ 思考 E:\dir3\dir4 的配额测试效果是 100 MB 还是 200 MB？阐述其原因。

任务 5.3　在客户端上将共享文件夹映射为本地磁盘

任务描述

菲燕公司的一些员工在使用文件服务器时遇到了一些问题，总是输错 UNC 地址。小张将协助同事在客户端上将共享文件夹映射为本地磁盘，这样就可以便捷地使用文件服务器。

任务实施

5.3.1　映射网络驱动器

步骤 1：在客户端的"此电脑"窗口中，单击打开"计算机"选项卡，然后单击"映射网络驱动器"菜单，在下拉菜单中选择"映射网络驱动器"命令，如图 5-3-1 所示。

图 5-3-1　"此电脑"窗口

步骤 2：在"映射网络驱动器"对话框中为共享连接指定驱动器号，本任务使用"Z:"，然后输入或使用"浏览"方式选择共享文件夹的 UNC 路径，本任务输入"\\192.168.20.201\技术文档"，再勾选"使用其他凭据连接"复选框，单击"完成"按钮，如图 5-3-2 所示。

步骤 3：在弹出的"Windows 安全性"对话框中，输入能够访问上述步骤中共享文件夹的用户名和密码，并勾选"记住我的凭据"复选框，单击"确定"按钮，如图 5-3-3 所示。

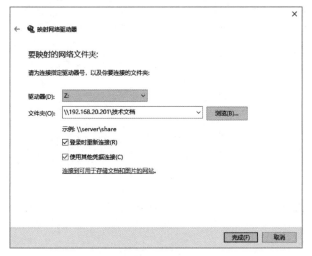

图 5-3-2　设置映射的网络文件夹

图 5-3-3　输入网络凭据

5.3.2　访问网络驱动器

返回"此电脑"窗口后，服务器中的共享文件夹"技术文档"会以本地磁盘"Z:"的方式显示，如图 5-3-4 所示。

图 5-3-4　访问映射网络驱动器

 相关知识

使用"net use"命令映射或断开驱动器

使用"net use X: \\计算机名称\共享名称"的命令格式可映射网络驱动器，其中"X:"是要分配给共享资源的驱动器号。例如，将文件服务器 FS 上的共享文件夹 mydic 映射为客户端本地驱动器"Y:"，用户名为"user5"，密码为"12345678"，则应使用"net use Y: \\FS\mydic "12345678" /user: "user5"命令。

项目 6

配置与管理 DHCP 服务器

DHCP（Dynamic Host Configuration Protocol，动态主机配置协议）用来为网络中的计算机等终端设备自动分配 IP 地址等信息，在网络中应用较为广泛，例如，在机场、网吧、企业、学校机房等网络环境中都会用到。DHCP 具有多方面优势：一是能够减少因手动设置 IP 地址出现的错误以便让用户拥有更好的网络体验；二是能够在一定程度上减少 IP 地址冲突；三是能够大幅减少网络管理人员的工作量；四是能够提高 IP 地址的使用效率；五是在修改 IP 网段后不需要再为每个客户端重新配置 IP 地址。

DHCP 采用 C/S（Client/Server，客户端 / 服务器）架构，由 DHCP 客户端使用 68 号端口（UDP）向服务器发出获得 IP 地址的请求，服务器使用 67 号端口（UDP）监听请求并回复信息。DHCP 可分配的 IP 地址信息包括 IP 地址、子网掩码、默认网关、DNS 服务器地址等。

项目描述

目前，菲燕公司所有计算机和服务器均采用静态地址配置方案，这一方案给使用移动设备的用户带来了不便，总经理要求信息部小张寻找一种便捷的解决方案。

小张可以在公司现有的服务器上，安装并配置一台 DHCP 服务器（使用 IP 地址为 192.168.20.201 服务器完成相关操作），然后在客户端上设置自动获得 IP 地址，就能够获得内网的 IP 地址参数信息，如图 6-0-1 所示。

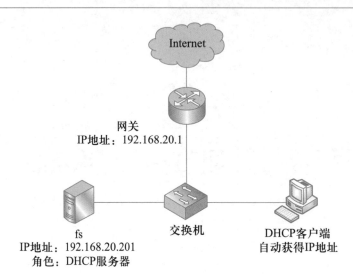

图 6-0-1　项目拓扑结构图

 能力素质

- 理解 DHCP 的基本工作原理及应用场景；
- 理解 DHCP 的基本概念；
- 能够配置 DHCP 服务器实现内网 IP 地址的动态分配；
- 能够按需管理 DHCP 服务器，为客户端保留 IP 地址；
- 增强节约意识，合理分配 IP 地址；
- 增强服务意识，能为用户便捷接入网络提供支持。

任务 6.1　配置 DHCP 服务器

 任务描述

　　菲燕公司信息技术部小张要配置一台 DHCP 服务器，为公司内部网络中的计算机自动分配 IP 地址。公司内部网络的 IP 网段为 192.168.20.0/24，其中 192.168.20.201~192.168.20.210 共 10 个 IP 地址要留给服务器使用。网关（路由器内网接口）的 IP 地址为 192.168.20.1，内部 DNS 服务器的 IP 地址为 192.168.20.201。

任务实施

6.1.1　添加 DHCP 服务器角色

　　步骤 1：在"服务器管理器"窗口中，依次选择"仪表板"→"快速启动"→"添加角色和功能"命令。

　　步骤 2：打开"添加角色和功能向导"窗口后，在"开始之前"界面单击"下一步"按钮。

　　步骤 3：在"选择安装类型"界面中，选中"基于角色或基于功能的安装"单选按钮，然后单击"下一步"按钮。

　　步骤 4：在"选择目标服务器"界面中，选中"从服务器池中选择服务器"单选按钮，然后选择本任务所使用的服务器"fs"，单击"下一步"按钮。

　　步骤 5：在"选择服务器角色"界面中，勾选"DHCP 服务器"复选框，在弹出的"添加 DHCP 服务器所需的功能？"对话框中单击"添加功能"按钮，返回后确认"DHCP 服务器"角色处于已选择状态，然后单击"下一步"按钮，如图 6-1-1 所示。

　　步骤 6：在"选择功能"界面中，单击"下一步"按钮。

　　步骤 7：在"DHCP 服务器"界面中，单击"下一步"按钮。

　　步骤 8：在"确认安装所选内容"界面中，单击"安装"按钮。

　　步骤 9：等待安装完毕后在"安装进度"界面中单击"关闭"按钮，如图 6-1-2 所示。

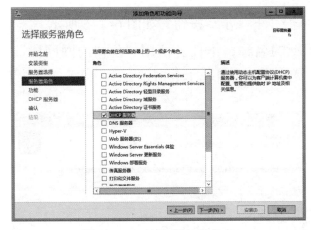

图 6-1-1　选择服务器角色

图 6-1-2　DHCP 服务器安装完成

6.1.2　配置 DHCP 服务器

　　步骤 1：在"服务器管理器"窗口中，单击"工具"菜单，然后选择"DHCP"命令，如图 6-1-3 所示。

　　步骤 2：在"DHCP"窗口中，展开左侧"DHCP"→"fs"→"IPv4"节点，右击

"IPv4"选项，在弹出的快捷菜单中选择"新建作用域"命令，如图 6-1-4 所示。

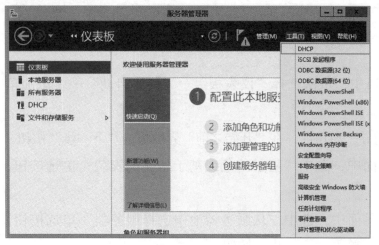

图 6-1-3   打开 DHCP 管理工具

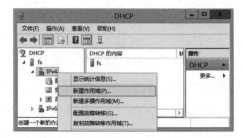

图 6-1-4   新建作用域

> **知识链接**
>
> 作用域，是 DHCP 服务器提供 IP 地址信息及默认网关地址、DNS 服务器地址等信息的逻辑分组。通常，一个内网网段（广播域）需要建立一个作用域。如一个内部网络具有多个网段（或 VLAN），则需要在三层网络设备上开启 DHCP Relay（中继代理）功能，并指定 DHCP 服务器的 IP 地址。

步骤 3：打开"新建作用域向导"对话框，单击"下一步"按钮，如图 6-1-5 所示。

步骤 4：在"作用域名称"界面中输入作用域的名称，本任务使用"公司内网网段"，根据需求情况填写描述信息，然后单击"下一步"按钮，如图 6-1-6 所示。

图 6-1-5   新建作用域向导

图 6-1-6   输入作用域名称

经验分享

有些网络管理人员平时没有注意网络相关设置的规范命名，使用"123"等字符随意设置，不但其本人容易忘记和混淆，也给后续可能的故障排查、工作交接造成了困扰。如果网络中需要多个 DHCP 作用域，则建议名称中包含作用范围和网段信息。

步骤 5：在"IP 地址范围"界面中输入"起始 IP 地址"和"结束 IP 地址"，本任务使用 192.168.20.2 到 192.168.20.254 的 IP 地址范围，设置子网掩码长度 24（此时"子网掩码"文本框内容自动变为 255.255.255.0），然后单击"下一步"按钮，如图 6-1-7 所示。

知识链接

DHCP 中的 IP 地址范围，是一组连续的 IP 地址，以起始和结束 IP 地址来定义。地址池（DHCP pool）是指服务器能分配给客户端使用的 IP 地址，用户设置"IP 地址范围"和"排除"后，剩余的 IP 地址就构成了一个地址池。

步骤 6：在"添加排除和延迟"界面中，输入要排除地址的"起始 IP 地址"和"结束 IP 地址"，在本任务中，将要排除 192.168.20.201 到 192.168.20.210 共 10 个 IP 地址，输入完毕后单击"添加"按钮，这些地址将显示在"排除的地址范围"列表框内，然后单击"下一步"按钮，如图 6-1-8 所示。

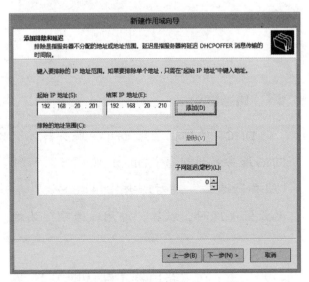

图 6-1-7 设置 IP 地址范围　　　　图 6-1-8 添加要排除的 IP 地址

步骤 7：在"租用期限"界面中输入 IP 地址所能租用的最长时间，此处使用默认设置的

8 天，然后单击"下一步"按钮，如图 6-1-9 所示。

 经验分享

　　租用期限，是指客户端使用所分配 IP 地址的最长时间，设置时要兼顾易用性和 IP 地址的利用率。在有线网络环境中，计算机或其他终端相对处于固定位置，一般将租用期限设置要满足一个工作周的需要，即 8 天或以上。在无线网络中，笔记本电脑、智能手机等设备具有移动性，一般租用期限设置要满足 1 个工作日的需要，即 1 天或以上。

　　步骤 8：在"配置 DHCP 选项"界面中使用默认的"是，我想现在配置这些选项"，然后单击"下一步"按钮，如图 6-1-10 所示。

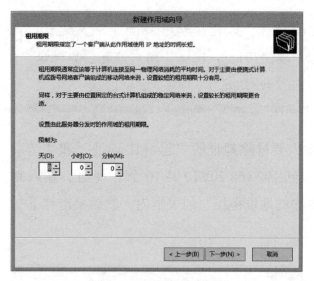

图 6-1-9　设置租用期限

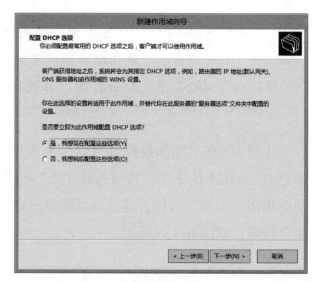

图 6-1-10　配置 DHCP 选项

 知识链接

　　DHCP 选项，是指 DHCP 服务器分配 IP 地址时可包含的其他信息，包括默认网关、DNS 服务器地址等。DHCP 选项分为两种："作用域选项"只对所在的单个作用域生效，"服务器选项"则对所有作用域生效。某一作用域的"作用域选项"和"服务器选项"的设置不同时，以其"作用域选项"为准。

　　步骤 9：在"路由器（默认网关）"界面中输入 192.168.20.1，单击"添加"按钮后此网关地址将显示在"IP 地址"下方的列表框内，然后单击"下一步"按钮，如图 6-1-11 所示。

步骤 10：在"域名称和 DNS 服务器"界面中，在"父域"后的文本框中输入公司的域名"flyingswallow.cn"，然后在下方的"IP 地址"组中输入 192.168.20.201 并单击"添加"按钮，如图 6-1-12 所示。由于 DNS 服务器暂未进行设置，系统将会弹出"IP 地址 192.168.20.201 不是有效的 DNS 地址，是否仍然要添加该地址？"对话框，单击"是"按钮即可，如图 6-1-13 所示。返回"域名称和 DNS 服务器"界面后单击"下一步"按钮。

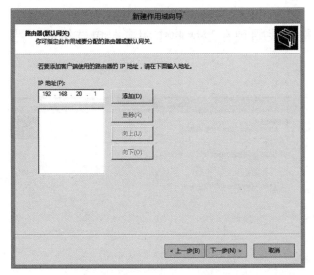

图 6-1-11　添加默认网关地址

图 6-1-12　输入父域名称和 DNS 服务器 IP 地址

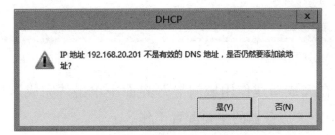

图 6-1-13　DNS 服务器有效性提示

经验分享

在 DHCP 选项中，所指定 IP 地址的 DNS 服务器要符合使用需求。如公司内部具有 DNS 服务器，则应将其作为首选，并将本地区公用 DNS 服务器作为备选。如内部不具备 DNS 服务器，则直接使用公用 DNS 服务器，如北京地区可使用 202.106.0.20、202.106.196.115 等。

步骤 11：在"WINS 服务器"界面中单击"下一步"按钮，如图 6-1-14 所示。

操作提示

　　WINS（Windows Internet Name Service，Windows 互联网名称服务）的主要功能是在局域网中将 NetBIOS 计算机名解析成 IP 地址，当前已无须单独配置 WINS 服务器，因此上述步骤可直接跳过。

　　步骤 12：在"激活作用域"界面中选中"是，我想现在激活此作用域"单选按钮，然后单击"下一步"按钮，如图 6-1-15 所示。

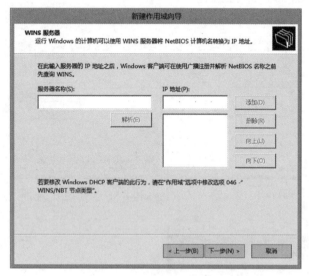

图 6-1-14　跳过 WINS 服务器设置　　　　　　　图 6-1-15　激活作用域

　　步骤 13：在"正在完成新建作用域向导"界面中单击"完成"按钮，如图 6-1-16 所示。至此，已完成了 DHCP 服务器的主要配置工作。

图 6-1-16　新建作用域向导的确认提示

6.1.3　重启 DHCP 服务

打开"DHCP"管理工具窗口，右击服务器"fs"，在弹出的快捷菜单中选择"所有任务"→"重新启动"命令，等待"DHCP Server"服务完成重新启动，如图 6-1-17 所示。

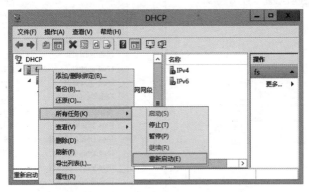

图 6-1-17　重新启动 DHCP 服务

6.1.4　查看地址租用情况

打开"DHCP"管理工具窗口，依次展开"fs"→"IPv4"→"作用域"节点，然后双击"地址租用"选项，在中间列表框中即可看到已被客户端租用的 IP 地址情况，如图 6-1-18 所示。

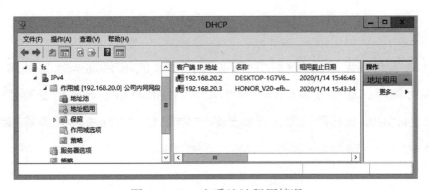

图 6-1-18　查看地址租用情况

6.1.5　在客户端上查看 IP 地址

步骤 1：在客户端上，将网络适配器的"Internet 协议版本 4（TCP/IPv4）"属性设置为"自动获得 IP 地址""自动获得 DNS 服务器地址"，然后单击"确定"按钮，如图 6-1-19 所示。

步骤 2：双击相应网络适配器，在弹出的"状态"对话框中单击"详细信息"按钮，在弹出的"网络连接详细信息"对话框中即可查看客户端所自动获得的 IP 地址信息，如图

6-1-20 所示。

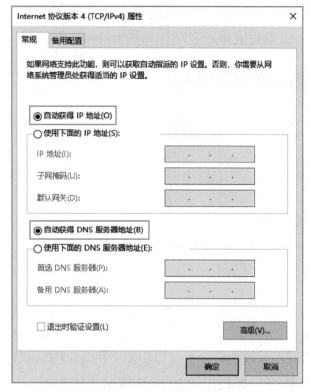

图 6-1-19 设置 IP 地址为自动获得

图 6-1-20 查看 IP 地址信息

经验分享

如果 DHCP 客户端无法找到 DHCP 服务器，则会使用 169.254.0.0/16 网段中的一个 IP 地址作为临时使用，后续每隔 5 min 再尝试联系 DHCP 服务器直到获取 IP。遇到此类情况，需检查 DHCP 服务器的设置，并检查客户端到 DHCP 服务器是否能够连通。

 相关知识

1. DHCP 工作过程

客户端从 DHCP 服务器获得 IP 地址的过程主要包含 4 个步骤：客户端请求 IP 地址、服务器提供 IP 地址、客户端选择 IP 地址、服务器确认租约，如图 6-1-21 所示。

步骤 1：客户端请求 IP 地址。DHCP 客户端会使用 UDP 68 端口发送 DHCP DISCOVER 广播包，该数据包的源 IP 地址为 0.0.0.0，目标 IP 地址为 255.255.255.255，数据包中包含客户端的硬件地址（MAC 地址）和计算机名。

1. 客户端请求IP地址 (DHCP DISCOVER)

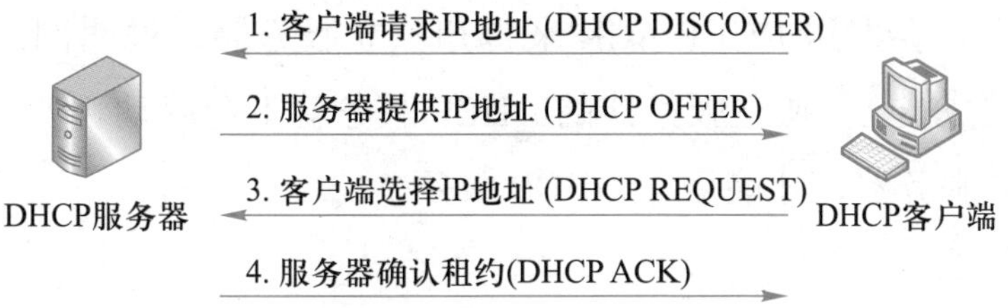

2. 服务器提供IP地址 (DHCP OFFER)

3. 客户端选择IP地址 (DHCP REQUEST)

4. 服务器确认租约(DHCP ACK)

DHCP服务器　　　　　　　　　　　　　　　　　　DHCP客户端

图 6-1-21　DHCP 工作过程

　　步骤 2：服务器提供 IP 地址。DHCP 服务器使用 UDP 67 端口监听客户端请求，在收到客户端请求后，会从地址池中拿出一个未分配的 IP 地址，通过发送 DHCP OFFER 广播包告知客户端，该数据包的源 IP 地址为 DHCP 服务器的 IP 地址，目标 IP 地址为 255.255.255.255。

　　步骤 3：客户端选择 IP 地址。如果有多台 DHCP 服务器，客户端则会使用第一个收到的 DHCP OFFER 包中所包含的 IP 地址，并会发送 DHCP REQUEST 广播包，该数据包的源 IP 地址为 0.0.0.0，目标 IP 地址为 255.255.255.255，告知网络中的所有 DHCP 服务器其选择了某一台服务器分配的 IP 地址。

　　步骤 4：服务器确认租约。被客户端选定的 DHCP 服务器收到客户的选择信息后，会回应一个 DHCP ACK 广播包，将 IP 地址真正分配给这个客户端，该数据包的源 IP 地址为 DHCP 服务器的 IP 地址，目标 IP 地址为 255.255.255.255。

　　除上述 4 个主要步骤外，DHCP 工作过程还会涉及客户端重新登录，以及更新 IP 地址租用信息两种情况。

　　DHCP 客户端重新登录网络时，则直接发送包含前一次所获得 IP 地址的 DHCP REQUEST 单播包，该数据包源 IP 地址为 0.0.0.0，目标 IP 地址为前一次为客户端分配地址的 DHCP 服务器 IP。当 DHCP 服务器收到消息后，发送 DHCP ACK 允许客户继续使用原来所分配的 IP 地址，若已无法再为 DHCP 客户端分配原来的 IP 地址，则发送 DHCP NACK 告知客户端，后者将发送 DHCP DISCOVER 重新请求新的 IP。

　　当租用期限到达 50% 后，客户端就要向 DHCP 服务器以单播发送 DHCP REQUEST，以便更新 IP 地址租用信息。当客户端收到 DHCP ACK 后，更新租用期限以及其他选项参数。当客户端无法收到 DHCP ACK 时，则继续使用现有 IP 地址，直到租用期限到达 87.5% 后再次发送 DHCP REQUEST，若依然没有得到回复，则将发送 DHCP DISCOVER 重新请求新的 IP。

　　2. DHCP 授权

　　DHCP 授权，是 Active Directory 域中防止非法 DHCP 服务器运行的一种安全机制，未经授权的 DHCP 服务器将无法启动。在一个均为独立服务器的子网环境中，DHCP 服务器无须授权，直接启动服务即可。若在 Active Directory 域所在子网中，有一台独立服务器承担 DHCP 服务器角色，其 DHCP 服务器启动时，会发送 DHCP INFORM 广播包来查询已被授权的 DHCP 服务器，后者会发送 DHCP ACK 来告知独立服务器，说明网络中已存在经过授权的 DHCP 服务器（域成员），独立服务器的 DHCP 服务就不会启动。若独立服务器没有检测到已经授权的 DHCP 服务器，才能启动 DHCP 服务。

3. DHCP 中继代理

由于 DHCP 工作过程主要发送广播包，无法跨广播域传输，在默认情况下，不能为多个子网动态分配 IP 地址。如有为多个子网分配 IP 地址的需求，就要在相应的三层网络设备（如路由器、三层交换机等）上配置 DHCP 中继代理，指明 DHCP 服务器的 IP 地址。三层网络设备上的 DHCP 中继代理程序会接收客户端发出的 DHCP DISCOVER、DHCP REQUEST 等广播包，然后以单播形式转发给 DHCP 服务器，DHCP 服务器收到请求后会以单播形式将 DHCP OFFER、DHCP ACK 等回复信息发送给 DHCP 中继代理设备，后者再将其变为广播包发送给客户端。

任 务 6.2   为 指 定 计 算 机 保 留 IP 地 址

任务描述

　　菲燕公司总经理希望每次启动计算机时获得相同的 IP 地址，信息部小张曾试过使用固定 IP 地址，但有时总经理出差回来后，其计算机原来获得的 IP 地址会被 DHCP 服务器分配出去。小张决定使用 DHCP 中的"保留"功能，将总经理计算机网络适配器的 MAC 地址与一个 IP 地址进行绑定，这样 DHCP 服务器就只会将这个 IP 地址分配给对应 MAC 地址的计算机。

任务实施

6.2.1   创建保留项

　　步骤 1：在"DHCP"窗口中，先单击后右击现有作用域中的"保留"选项，在弹出的快捷菜单中选择"新建保留"命令，如图 6-2-1 所示。

　　步骤 2：在"新建保留"对话框中输入保留名称、要保留的 IP 地址，以及对应客户端的 MAC 地址，然后单击"添加"按钮，如图 6-2-2 所示。

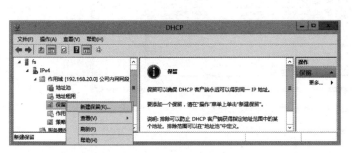

图 6-2-1　新建保留　　　　　　　　　图 6-2-2　输入保留信息

 操作提示

设置 DHCP 保留要注意以下方面：第一，保留名称要具有一定意义，建议使用客户端的计算机名；第二，保留的 IP 地址必须处于 DHCP 作用域的地址池内；第三，绑定的是 DHCP 客户端的 MAC 地址，可在 DHCP 客户端上使用"ipconfig /all"命令查看，MAC 地址使用 12 个十六进制数表示。

步骤 3：返回"DHCP"窗口后，可在"保留"列表框中查看已设置的保留项，如图 6-2-3 所示。

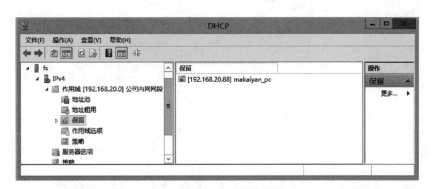

图 6-2-3　查看保留信息

6.2.2　查看保留的地址租用情况

打开"DHCP"窗口，依次展开"fs"→"IPv4"→"作用域"节点，然后单击"地址租用"选项，在中间列表框中即可看到已被客户端租用的 IP 地址情况，其中标记为"保留（不活动的）"的项为上述的保留设置，如图 6-2-4 所示。

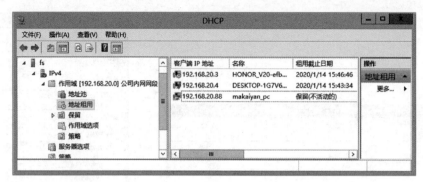

图 6-2-4　查看地址租用信息

6.2.3　在客户端上查看保留的 IP 地址

在客户端上查看"网络连接详细信息"，可以看到此网络适配器获得了保留的 IP 地址 192.168.20.88，如图 6-2-5 所示。

图 6-2-5　在客户端上查看保留的 IP 地址

操作提示

如 DHCP 服务器的设置已经更改，可在客户端上使用"ipconfig /release"命令释放已获得的 IP 地址，并通过"ipconfig /renew"命令重新获得 IP 地址，最后使用"ipconfig /all"命令查看 IP 地址的详细信息。

项 目 7

配置与管理 DNS 服务器

DNS（Domain Name System，域名系统）是应用较为频繁的网络服务，其功能是建立域名与 IP 地址之间的映射。DNS 就像一个翻译官，当用户使用域名访问网络资源时，由它来转换成 IP 地址，以便计算机之间进行通信。DNS 服务器监听 53 号端口（UDP）来处理域名查询请求。

个人用户可直接使用本地区的公用 DNS 服务器，如需在内网中部署 DNS 服务器，则要先在服务器上安装 DNS 服务器角色，建立区域和资源记录，然后在客户端上进行 DNS 服务器的可用性测试。

项目描述

目前，菲燕公司准备在内网的服务器中逐步部署网络应用，现在需要在内网部署一台 DNS 服务器，实现内网域名的解析。信息部小张负责此项工作，工作内容包括安装 DNS 服务器，并根据需要创建公司域名区域，完成内网应用的域名解析。此外，为增强公司内网 DNS 的可靠性，小张还要部署第二台 DNS 服务器作为辅助区域服务器，如图 7-0-1 所示。

能力素质

- 理解 DNS 的基本功能和应用场景；
- 能解 DNS 的基本概念；
- 能够配置 DNS 服务器实现内网域名和 IP 地址的转换；
- 增强信息系统安全意识，能够部署备份服务器提高 DNS 系统的可靠性；
- 增强服务意识，能为用户便捷使用网络提供支持；
- 弘扬爱国精神，能主动了解我国 DNS 根服务器的现状，主动使用 cn 域名。

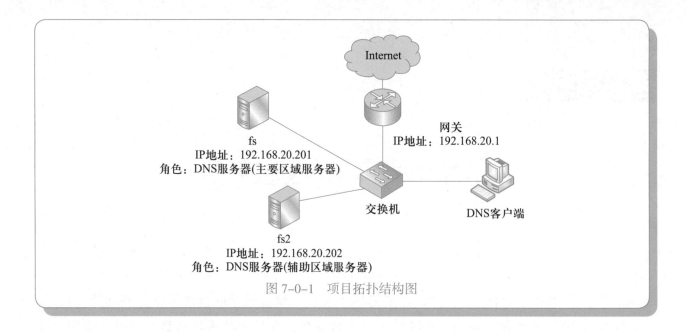

图 7-0-1　项目拓扑结构图

任务 7.1　安装与配置 DNS 服务器

任务描述

　　菲燕公司信息部小张要使用现有的服务器 fs（IP 地址为 192.168.20.201）来完成 DNS 服务器的部署，主要任务是添加 DNS 服务器角色，然后创建正、反向区域以及对应的记录，公司服务器主机和应用的对应关系见表 7-1-1，最后还要完成 DNS 服务器的可用性测试。

表 7-1-1　服务器主机名、IP 地址、别名对应关系

主机名	IP 地址	别名（用于网络服务）
fs	192.168.20.201	www、ftp
fs2	192.168.20.202	无

任务实施

7.1.1　添加 DNS 服务器角色

　　步骤 1：在"服务器管理器"窗口中，依次选择"仪表板"→"快速启动"→"添加角色和功能"命令。

　　步骤 2：打开"添加角色和功能向导"窗口后，在"开始之前"界面单击"下一步"按钮。

　　步骤 3：在"选择安装类型"界面中，选中"基于角色或基于功能的安装"单选按钮，然后单击"下一步"按钮。

　　步骤 4：在"选择目标服务器"界面中，选中"从服务器池中选择服务器"单选按钮，然后选择本任务所使用的服务器"fs"，单击"下一步"按钮。

　　步骤 5：在"选择服务器角色"界面中，勾选"DNS 服务器"复选框，在弹出的"添加 DNS 服务器所需的功能？"对话框中单击"添加功能"按钮，返回确认"DNS 服务器"角色处于已选择状态后单击"下一步"按钮，如图 7-1-1 所示。

　　步骤 6：在"选择功能"界面中，单击"下一步"按钮。

　　步骤 7：在"DNS 服务器"界面中，单击"下一步"按钮。

　　步骤 8：在"确认安装所选内容"界面中，单击"安装"按钮。

　　步骤 9：等待安装完毕后在"安装进度"界面中，单击"关闭"按钮，如图 7-1-2 所示。

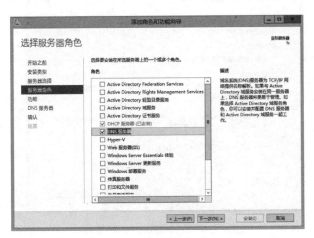
图 7-1-1　选择服务器角色

图 7-1-2　DNS 服务器安装完成

7.1.2　创建正向区域

　　步骤 1：在"服务器管理器"窗口中，单击"工具"菜单，然后选择"DNS"命令。

　　步骤 2：在"DNS 管理器"窗口中，展开左侧"DNS"→"FS"节点，右击"正向查找区域"选项，在弹出的快捷菜单中选择"新建区域"命令，如图 7-1-3 所示。

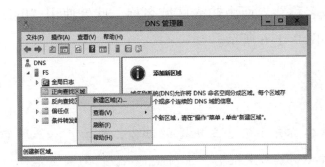
图 7-1-3　DNS 管理器

知识链接

正向查找区域，定义了利用主机名来查询 IP 地址的数据库，区域名称一般包含顶级域、二级域等，如 flyingswallow.cn。

步骤 3：打开"新建区域向导"对话框，在"欢迎使用新建区域向导"界面中，单击"下一步"按钮，如图 7-1-4 所示。

步骤 4：在"区域类型"界面中，在"选择你要创建的区域的类型："组中选中"主要区域"单选按钮（默认），单击"下一步"按钮，如图 7-1-5 所示。

图 7-1-4　新建区域向导

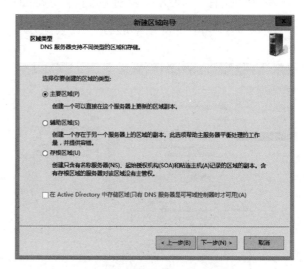

图 7-1-5　设置区域类型

知识链接

主要区域，是区域以及记录的主要副本（数据库），可以直接在 DNS 服务器中对区域及资源记录进行添加、删除、修改等更新操作。

步骤 5：在"区域名称"界面中输入区域名称，此处使用"flyingswallow.cn"，然后单击"下一步"按钮，如图 7-1-6 所示。

操作提示

此处输入的区域名称并不包含主机名的部分，例如，人民网首页的域名为 www.people.com.cn，其中 www 为主机名，people.com.cn 为区域名称。

步骤 6：在"区域文件"界面中，使用默认的文件名，然后单击"下一步"按钮，如图 7-1-7 所示。

步骤 7：在"动态更新"界面中，选中"不允许动态更新"单选按钮，然后单击"下一步"按钮，如图 7-1-8 所示。

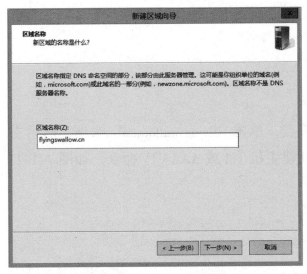

图 7-1-6 输入区域名称

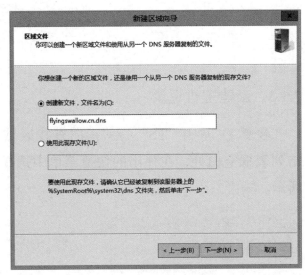

图 7-1-7 设置区域文件名称

步骤 8：在"正在完成新建区域向导"界面中单击"完成"按钮，如图 7-1-9 所示。

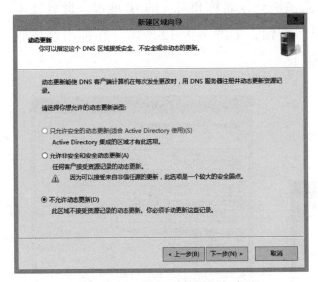

图 7-1-8 设置动态更新方式

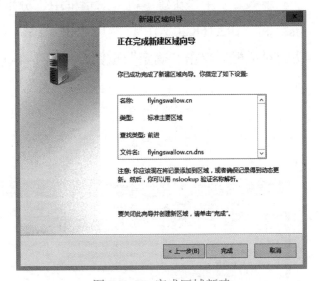

图 7-1-9 完成区域新建

步骤 9：返回"DNS 管理器"窗口后，在右侧列表框内可看到创建完成的正向查找区域，如图 7-1-10 所示。

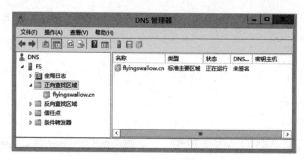

图 7-1-10　查看正向查找区域

7.1.3　新建主机记录

步骤 1：展开"FS"→"正向查找区域"节点，单击"flyingswallow.cn"选项，然后右击列表框空白处，在弹出的快捷菜单中选择"新建主机（A 或 AAAA）"命令，如图 7-1-11 所示。

知识链接

主机记录，也称 A 记录，用来在正向查找区域中记录主机名对应的 IP 地址。

步骤 2：在"新建主机"对话框中，分别输入主机记录名称和对应的 IP 地址，此处使用"fs"和"192.168.20.201"，然后单击"添加主机"按钮，如图 7-1-12 所示。在弹出创建成功的对话框后单击"确定"按钮，如图 7-1-13 所示。

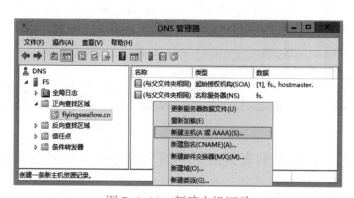

图 7-1-11　新建主机记录

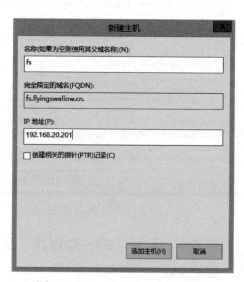

图 7-1-12　设置主机记录信息

步骤 3：使用相同步骤添加另一条主机记录，主机名为"fs2"、IP 地址为 192.168.20.202，结果如图 7-1-14 所示。

图 7-1-13　主机记录创建成功的提示

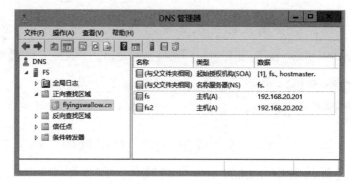

图 7-1-14　主机记录列表

7.1.4　新建别名记录

步骤 1：展开"FS"→"正向查找区域"节点，单击"flyingswallow.cn"选项，然后右击列表框空白处，在弹出的快捷菜单中选择"新建别名（CNAME）"命令，如图 7-1-15 所示。

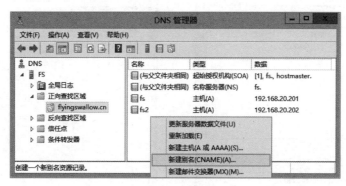

图 7-1-15　新建别名记录

　知识链接

别名记录，也称 CNAME 记录，用来在正向查找区域中记录一个别名对应的主机名。

　经验分享

主机记录、别名记录均可获得主机的 IP 地址，但在使用上略有不同。一般情况下，建议使用主机记录标识主机对应的 IP，使用别名记录标识网络应用或服务对应的主机名。如一台主机名为 server1、IP 地址为 219.239.151.2，其所在的区域为 xxgl.com.cn，使用域名 www.xxgl.com.cn 对外提供 Web、使用域名 ftp.xxgl.com.cn 对外提供 FTP

服务，则要建立的主机记录为 server1 指向 219.239.151.2，要建立的两个别名记录为 www 指向 server1、ftp 指向 server1，这样一旦服务器 IP 地址发生变化，只需要修改一次主机记录即可，无须再修改别名记录。

步骤 2：在"新建资源记录"对话框中，输入别名"www"，然后输入或使用浏览方式设置其对应主机的完全合格域名，在"浏览"对话框中依次选择"FS"→"正向查找区域"→"flyingswallow.cn"→"fs"记录选项，然后单击"确定"按钮，如图 7-1-16 所示。返回"新建资源记录"对话框后单击"确定"按钮，如图 7-1-17 所示。

图 7-1-16 使用浏览方式设置别名记录

图 7-1-17 别名记录的对应关系

📣 **知识链接**

完全限定域名（Fully Qualified Domain Name，FQDN），也称全称域名、完全合格域名等，一般为主机名加区域名的形式，例如，ftp.abc.com，但不同 DNS 服务器平台对父域的调用略有区别，有时需要在最后加一个英文字符"."标识其为完整域名。本书统一使用"完全合格域名"表述。

步骤 3：使用相同步骤添加另一条别名记录，别名为"ftp"，所对应主机的完全合格域名为 fs.flyingswallow.cn，结果如图 7-1-18 所示。

图 7-1-18 别名记录的设置结果

7.1.5 新建邮件交换器记录

步骤 1：展开"FS"→"正向查找区域"节点，单击"flyingswallow.cn"选项，然后右击列表框空白处，在弹出的快捷菜单中选择"新建邮件交换器（MX）"命令，如图 7-1-19 所示。

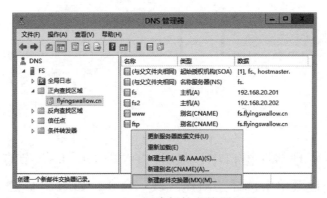

图 7-1-19 新建邮件交换器记录

> **知识链接**
>
> 邮件交换器（MX）记录用来标识邮件域中的邮件服务器和优先级。例如，user1@xxgl.com.cn 要给 user2@flyingswallow.cn 发送一封邮件，需要查找到 flyingswallow.cn 域的 MX 记录并找到所对应的邮件服务器，然后向邮件服务器发送邮件。优先级数字越小，表示的优先级越高，0 为最高，只有在优先级较高的邮件服务器传输失败时，才会调用次高的服务器。

步骤 2：在"新建资源记录"对话框中，单击"浏览"按钮选择邮件服务器的完全合格域名，本任务选择"fs2.flyingswallow.cn"，然后设置邮件服务器的优先级为"10"，再单击"确定"按钮，如图 7-1-20 所示。

步骤 3：返回"DNS 管理器"窗口后即可看到已创建完成的邮件交换器记录，如图 7-1-21 所示。

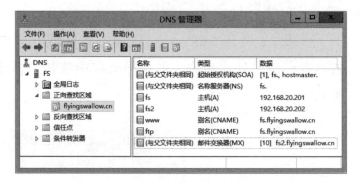

图 7-1-20　设置邮件交换器记录信息　　　　图 7-1-21　邮件交换器记录的设置结果

7.1.6　创建反向区域

步骤 1：在"DNS 管理器"窗口中，展开"DNS"→"FS"节点，右击"反向查找区域"选项，在弹出的快捷菜单中选择"新建区域"命令，如图 7-1-22 所示。

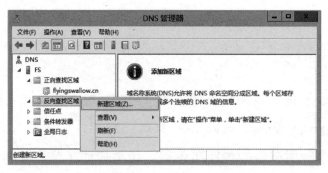

图 7-1-22　DNS 管理器

📢 **知识链接**

反向查找区域，定义了利用 IP 地址来查询主机名的数据库，区域名称一般为逆序的网络 ID 加 in-addr.arpa 后缀，如 20.168.192.in-addr.arpa。

步骤 2：打开"新建区域向导"对话框，在"欢迎使用新建区域向导"界面中，单击"下一步"按钮。

步骤 3：在"区域类型"界面中，在"选择你要创建的区域的类型"组中选中"主要区域"单选按钮（默认），单击"下一步"按钮。

步骤 4：在"反向查找区域名称"界面中，选中"IPv4 反向查找区域"单选按钮后单击"下一步"按钮，如图 7-1-23 所示。然后输入反向查找区域的网络 ID，本任务要为 192.168.20.0/24 的网段创建反向查找区域，故在"网络 ID"下的文本框中输入"192.168.20."（文本框中已含有"."），然后单击"下一步"按钮，如图 7-1-24 所示。

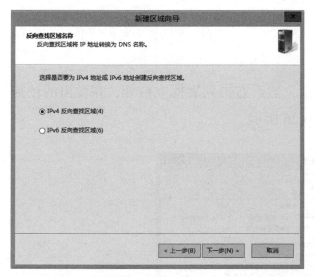

图 7-1-23　选择反向查找区域的 IP 地址类型

图 7-1-24　设置反向查找区域的网络 ID

操作提示

反向查找区域的网络 ID 是 IP 地址中的网络位部分，一般由服务器的 IP 地址、子网掩码的二进制数进行"与运算"得出。例如，服务器 192.168.20.201/24 所在子网的网络 ID 为"192.168.20."，Windows Server 系统会自动将反向查找区域名称设置为"20.168.192.in-addr.arpa"。

步骤 5：在"区域文件"界面中，单击"下一步"按钮。

步骤 6：在"动态更新"界面中，选中"不允许动态更新"单选按钮，然后单击"下一步"按钮。

步骤 7：在"正在完成新建区域向导"界面中，单击"完成"按钮。

步骤 8：返回"DNS 管理器"窗口后，单击反向区域"20.168.192.in-addr.arpa"，在右侧列表框内可看到其自动生成的记录，如图 7-1-25 所示。

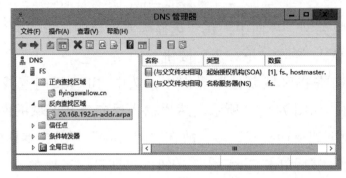

图 7-1-25　查看反向查找区域

7.1.7　新建指针记录

步骤 1：单击 "20.168.192.in-addr.arpa" 选项，然后右击列表框空白处，在弹出的快捷菜单中选择 "新建指针（PTR）" 命令，如图 7-1-26 所示。

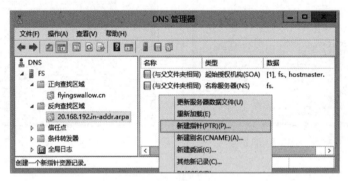

图 7-1-26　新建指针记录

 知识链接

指针记录，也称 PTR 记录，用来在反向查找区域中记录 IP 地址对应的主机名。创建指针记录前，必须要先建立对应子网的反向查找区域。

步骤 2：在 "新建资源记录" 对话框中，输入指定的 IP 地址，然后输入或使用浏览方式选择其对应的主机名（完全合格域名），本任务分别使用 192.168.20.201 和 "fs. flyingswallow. cn"，如图 7-1-27 所示。

步骤 3：返回 "DNS 管理器" 窗口后即可看到已创建完成的指针记录，如图 7-1-28 所示。

图 7-1-27　设置指针记录信息

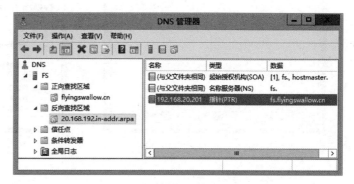

图 7-1-28　新建指针记录的设置结果

7.1.8　更新主机记录产生指针记录

除可以采用新建方式外，还可以在创建反向查找区域后，通过主机记录更新的方式产生指针记录，本任务以生成"fs2"所对应的指针记录为例。

步骤 1：右击正向查找区域"flyingswallow.cn"中的主机记录"fs2"，在弹出的快捷菜单中选择"属性"命令，如图 7-1-29 所示。

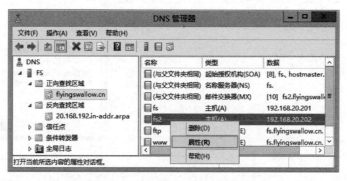

图 7-1-29　设置主机记录属性

步骤 2：在"fs2 属性"对话框中，勾选"更新相关的指针（PTR）记录"复选框，然后单击"确定"按钮，如图 7-1-30 所示。

步骤 3：返回"DNS 管理器"窗口后，双击"20.168.192.in-addr.arpa"选项即可在右侧列表框内看到"fs2"主机所对应的指针记录，如图 7-1-31 所示。

图 7-1-30   修改主机记录属性

图 7-1-31   更新主机记录后产生的指针记录

经验分享

　　架设企业内网 DNS 服务器的目的是为内网用户提供域名解析，如需进一步完成公网域名和 IP 的解析，需要在 "DNS 管理器" 中修改服务器属性，在 "转发器" 选项卡中添加公用 DNS 服务器的 IP 地址，如图 7-1-32 所示。本地区域记录则查询本地服务器数据库，非本地区域的记录请求则由公用 DNS 服务器处理，请查阅本任务的 "相关知识" 部分了解其工作过程。

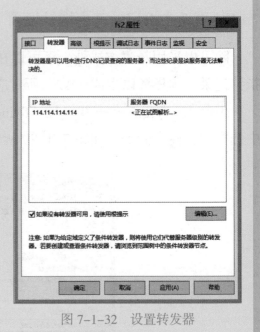

图 7-1-32   设置转发器

7.1.9　配置 DNS 客户端

　　在 DNS 客户端上，检查网络适配器中的 DNS 服务器地址设置。本任务中所用 DNS 客户端为项目 6 中 DHCP 服务器所分配的 IP 地址信息，已自动将 "IPv4 DNS 服务器" 设置为 192.168.20.201，如图 7-1-33 所示。如使用静态方式设置 IP 地址，需修改网络适配器的

"Internet 协议版本 4（TCP/IPv4）"属性，选中"使用下面的 DNS 服务器地址"单选按钮并设置首选 DNS 服务器为 192.168.20.201。

图 7-1-33 配置 DNS 客户端

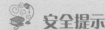 安全提示

　　如内网环境中不具备部署 DNS 服务器的条件，可直接使用本地区的公用 DNS 服务器。不可使用来历不明的 DNS 服务器。

7.1.10 测试 DNS 服务器并查看解析结果

　　在 DNS 客户端上打开"命令提示符"窗口，使用"nslookup"命令测试 DNS 服务器的可用性。

　　方法 1：以"nslookup 资源记录"格式测试 DNS 服务器可用性及解析结果，本任务查询主机、别名、指针这 3 种记录，命令见表 7-1-2，查询结果如图 7-1-34 所示。

表 7-1-2　nslookup 命令及查询结果呈现形式

命令	结果呈现形式
nslookup fs.flyingswallow.cn	查询到域名"fs.flyingswallow.cn"对应的 IP 地址
nslookup fs2.flyingswallow.cn	查询到域名"fs2.flyingswallow.cn"对应的 IP 地址

续表

命令	结果呈现形式
nslookup www.flyingswallow.cn	查询到域名 "www.flyingswallow.cn" 对应的主机及 IP 地址
nslookup ftp.flyingswallow.cn	查询到域名 "ftp.flyingswallow.cn" 对应的主机及 IP 地址
nslookup 192.168.20.201	查询到 IP 地址 192.168.20.201 对应的主机

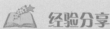

经验分享

在很多企业内网的 DNS 服务器中，都只创建了正向查找区域，此时在 DNS 客户端上使用 nslookup 命令查询区域内的记录时会弹出如 "DNS request timed out. timeout was 2 seconds. Default Server: UnKnown" 的提示信息，但依然能查询到解析结果，这是因为未在 DNS 服务器创建该记录对应的反向查找关系，并不影响正向查找解析结果。

方法 2：以交互模式查询解析结果，适用于需要多次查询或需要设置记录类型的情况。本任务以查询邮件交换器记录为例，命令见表 7-1-3，结果如图 7-1-35 所示。

表 7-1-3 使用 nslookup 命令的交互模式查询邮件交换器记录

命令	作用
nslookup	进入 nslookup 命令的交互模式
set type=mx	设置查询类型为 "mx"，即查看邮件交换器记录
flyingswallow.cn	设置要查询的邮件域
exit	退出 nslookup 命令

图 7-1-34 nslookup 命令及查询结果

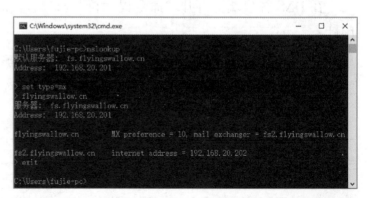

图 7-1-35 使用 nslookup 命令查询邮件交换器记录

操作提示

在使用 nslookup 命令域名查询时，可指定使用哪台 DNS 服务器来完成解析，例如，要使用 IP 地址为 114.114.114.114 的 DNS 服务器查询 www.people.com.cn 的 IP 地址，则可以使用 "nslookup www.people.com.cn 114.114.114.114"。

 相关知识

1. HOSTS 文件及用途

DNS 客户端在进行查询时，首先会检查自身的 HOSTS 文件，如果该文件内没有主机解析的记录，才会向 DNS 服务器进行查询。此文件存储在 %systemroot%\System32\drivers\etc 文件夹下（%systemroot% 替换为系统所在磁盘的 Windows 目录，例如，C:\Windows），该文件默认无任何有效记录。为了用户的安全，建议将此文件设置为只读，在需要修改时再去掉只读属性。

2. DNS 层次结构

为便于进行分布式管理，DNS 采用了树形层次结构，使用点 "." 分隔不同级别的域或主机名，如图 7-1-36 所示。根域 "." 由服务器系统咨询委员会（Root Server System Advisory Committee）负责统筹管理，将域名空间管理分配给各个组织。DNS 根域的下一级是顶级域，一般分为组织类型的域，或国家地区类型的域。二级域一般是组织、企业、个人的注册名称。三级域一般为二级域的子域或者主机名。三级域以后还可以进一步划分子域，但级别越多域名越难以记忆，一般保持在五级以内。主机名和其各级父域名构成了完全合格域名，如 www.baidu.com 或 www.people.com.cn。

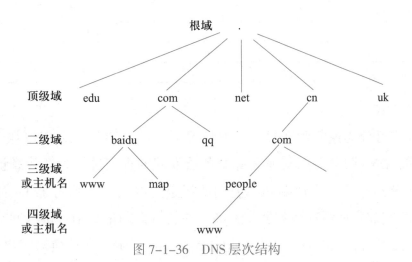

图 7-1-36　DNS 层次结构

3. DNS 根服务器

在现行主流的 IPv4 网络地址环境下，虽然全球共有 1 000 多台根 DNS 服务器能够提供域名服务，但主要的 13 台根服务器（编号为 A 到 M）均位于境外，1 台主根服务器位于美国，其余 12 个辅根服务器分别位于美国、英国、瑞典和日本，其余的近千台服务器则均为这 13 台服务器的镜像。为了增强 DNS 根服务器的自主可控，我国进行了多个根服务器的镜像，工业和信息化部授权中国互联网络信息中心（CNNIC）等部门运行与管理 F、I、K、L 根的镜像服务器。为推动网络空间全球治理，习近平总书记提出要"构建网络空间命运共同体"，我国也借助世界互联网大会等平台为互联网共建共治贡献中国智慧。目前，我国已通过"雪人计划"等合作项目部署了 1 台 DNS 主根服务器和 3 台辅根服务器，在 IPv6 大浪潮中把握住了话语权。

4. 域名的类型

顶级域主要分为组织域、国家（域地区）域，见表 7-1-4 和表 7-1-5，由于许多组织域为美国直接使用或需在美国管辖的域名服务机构注册，各个国家在使用域名时常常在地区域中再加入组织类型作为二级域。

表 7-1-4 组 织 域

域名	说明
com、biz 等	商业组织
edu	教育或学术组织
gov	政府机构
org	非营利或民间组织
net	网络服务组织

表 7-1-5 国家（或地区）域

域名	说明
cn	中国
hk	中国香港
tw	中国台湾
mo	中国澳门
uk	英国
jp	日本

5. DNS 查询方式

DNS 查询方式可分为递归和迭代。一般情况下，客户端向本地 DNS 服务器发起的查询过程为递归查询，DNS 服务器向其他名称服务器发起的查询过程为迭代查询，如图 7-1-37 所示。在 DNS 解析过程中，客户端 PC1 先向所指定的本地 DNS 服务器 Local_DNS 发送查询请求，Local_DNS 查询本地缓存或数据库，如存在要查询的记录则直接返回查询结果给 PC1，此时只使用了递归查询。如没有要查询的记录，则 Local_DNS 会转换为客户端角色进而向根服务器发送请求，根服务器会告知 Local_DNS 要查询的顶级域由 DNS1 负责，Local_DNS 再向 DNS1 发送查询请求，DNS1 告知 Local_DNS 其要查询的二级域由 DNS2 负责，Local_DNS 再向 DNS2 发送查询请求，DNS2 将查询结果返回给 Local_DNS，此过程为迭代查询，最终由 Local_DNS 再将结果返回给 PC1。

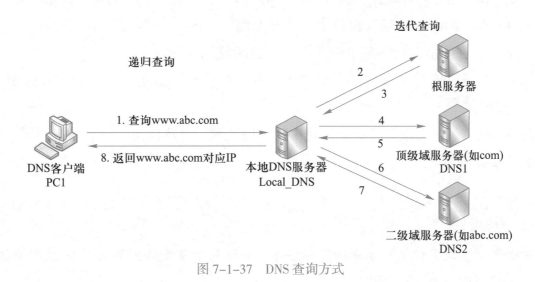

图 7-1-37　DNS 查询方式

 任务拓展

① 访问具有正规资质的域名注册网站，查询并记录 news.cn 域名的注册信息。

② 尝试注册 cn 域名。

③ 上网查询有关 DNS 的网络安全事件，了解 DNS 的安全加固方法。

任务 7.2　配置辅助区域服务器实现 DNS 冗余

 任务描述

菲燕公司已部署了一台内网 DNS 服务器（IP 地址为 192.168.20.201），为防止单点故障，信息部小张要使用服务器 FS2 作为辅助区域服务器来实现 DNS 冗余。

 任务实施

在本任务中，使用操作系统为 Windows Server 2012 R2、计算机名为"FS2"、IP 地址为 192.168.20.202/24 的服务器来实现任务需求。

7.2.1   在辅助区域服务器上新建辅助区域

步骤 1：在服务器 FS2 上，完成 DNS 服务器角色的添加。

步骤 2：在"服务器管理器"窗口中，单击"工具"菜单，然后选择"DNS"命令。

步骤 3：在"DNS 管理器"窗口中，展开左侧"DNS"→"FS2"节点，右击"正向查找区域"选项，在弹出的快捷菜单中选择"新建区域"命令。

步骤 4：打开"新建区域向导"对话框，在"欢迎使用新建区域向导"界面中，单击"下一步"按钮。

步骤 5：在"区域类型"界面中，选中"辅助区域"单选按钮，然后单击"下一步"按钮，如图 7-2-1 所示。

知识链接

辅助区域，是区域以及记录的额外副本，其记录信息是从主要区域 DNS 服务器上同名区域同步而来的，不能修改。

区域是判断一台服务器是主要区域服务器还是辅助区域服务器的前提，如 DNS 服务器 A 存储了 abc.com 区域的主要副本，同时存储了 yxz.net 区域的额外副本，则对于 abc.com 区域而言 DNS 服务器 A 是主要区域服务器，对于 yxz.net 区域而言是辅助区域服务器。

步骤 6：在"区域名称"界面中输入辅助区域名称"flyingswallow.cn"，然后单击"下一步"按钮。

步骤 7：在"主 DNS 服务器"界面中的列表框中单击并输入主要区域 DNS 服务器的 IP 地址，本任务使用"192.168.20.201"，输入完毕按 Enter 键，然后单击"下一步"按钮，如图 7-2-2 所示。

图 7-2-1   选择区域类型

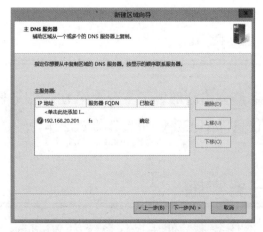

图 7-2-2   输入主 DNS 服务器地址

步骤 8：在"正在完成新建区域向导"界面中，单击"完成"按钮。

7.2.2　在主要区域服务器上允许区域传输

操作提示

此步骤要在主要区域服务器 FS 上进行操作。

步骤1：在主要区域服务器 FS 上打开"DNS 管理器"窗口，右击正向查找区域"flyingswallow.cn"，在弹出的快捷菜单中选择"属性"命令，如图 7-2-3 所示。

图 7-2-3　"DNS 管理器"窗口

步骤2：在"flyingswallow.cn 属性"对话框的"区域传送"选项卡中，勾选"允许区域传送"复选框，选中"只允许到下列服务器"单选按钮，然后单击"编辑"按钮，在弹出的"允许区域传送"对话框输入辅助区域服务器的 IP 地址，本任务输入192.168.20.202，完成后单击"确定"按钮，如图 7-2-4 所示。返回"flyingswallow.cn 属性"对话框后再单击"确定"按钮，如图 7-2-5 所示。

图 7-2-4　输入辅助区域服务器 IP 地址

图 7-2-5　允许区域传送到指定服务器

7.2.3　在辅助区域服务器上加载区域副本

 操作提示

此步骤要在辅助区域服务器 FS2 上进行操作。

步骤 1：在辅助区域 DNS 服务器 FS2 的"DNS 管理器"窗口中，右击需要加载的正向查找区域"flyingswallow.cn"，在弹出的快捷菜单中选择"从主服务器传送区域的新副本"命令，如图 7-2-6 所示。

 操作提示

如辅助区域信息无法加载，需检查与主要区域 DNS 服务器的连通性，以及"区域传送"设置、防火墙设置。

步骤 2：传送完毕后，即可看到所有 DNS 记录已从主要区域服务器上同步完成，如图 7-2-7 所示。

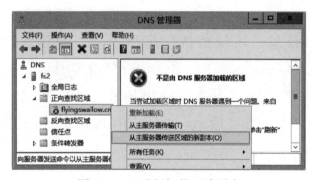

图 7-2-6　重新加载区域副本

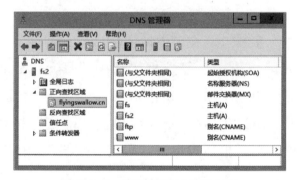

图 7-2-7　查看辅助区域及记录

7.2.4　在 DNS 客户端上测试辅助区域服务器

步骤 1：在 DNS 客户端上，将网络适配器的首选 DNS 地址设置为 192.168.20.202，以确保由辅助区域 DNS 服务器来解析地址，如图 7-2-8 所示。

步骤 2：在命令提示符窗口执行"nslookup www.flyingswallow.cn"命令可获得正确的解析结果，如图 7-2-9 所示。然后使用相同方法测试其他记录，此处不再赘述。

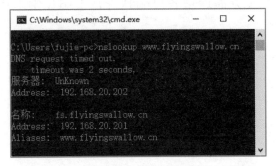

图 7-2-8　配置 DNS 客户端　　　　　图 7-2-9　测试辅助区域服务器的可用性

 经验分享

　　默认情况下，客户端使用"首选 DNS 服务器"中 IP 所对应的服务器来完成域名解析，当客户端无法和首选 DNS 通信时才会访问备用 DNS 服务器。在处理 DNS 服务器相关问题时，注注需要测试多个 DNS 服务器，此时可在 nslookup 命令后加入指定 DNS 服务器 IP 地址，如"nslookup www.people.com.cn 202.106.0.20"。

相关知识

1. 域名的注册与备案要求

　　虽然企业内网 DNS 服务器的正向查找区域可以使用非注册域名，但为了 DNS 解析的一致性，避免与其他个人或组织重复，建议在域名服务机构注册域名，国内提供域名服务的有万网、新网等机构，一般以年为单位支付租用费。

　　根据《中华人民共和国网络安全法》《中华人民共和国电信条例》等法律法规，在公网上使用的域名要进行备案，备案及信息查询可在工业和信息化部 ICP/IP 地址 / 域名信息备案管理系统、公安部全国互联网安全管理服务器平台中操作。

2. 动态域名服务

动态域名服务（Dynamic DNS，简称 DDNS），能够完成域名到动态 IP 地址的实时映射。由于 IPv4 地址缺乏，大多数个人用户使用的是运营商提供的动态 IP 地址接入网络，给用户远程访问家庭网络资源造成很大不便，有了动态域名服务，用户只需要记住域名即可访问上述资源。由于用户每次接入网络所获得的 IP 地址会发生变化，因此需要在要解析的计算机上安装 DDNS 客户端软件，以便及时将 IP 地址更新消息发送给 DDNS 服务器。DDNS 服务商提供的大多数是三级或以上级别的域名，且每次使用这个域名都要连接 DDNS 服务器，再由 DDNS 服务器连接客户端软件，常用在个人用户发布 Web 站点、远程访问家庭网络资源等情境中。

配置与管理 Web 服务器

以 WWW（World Wide Web，万维网）为代表的 Web（网页）服务是互联网上应用最为广泛的网络服务之一，WWW 几乎成了互联网的代名词，用户可以通过客户端浏览器（Web browser）访问 Web 服务器上的图、文、音、视并茂的网页信息资源。1994 年 5 月，中国科学院高能物理研究所建立了我国第一个 WWW 网站，在当时，除介绍我国高科技发展外，还设立了"Tour in China"栏目，宣传我国政治、经济和文化。如今，网站内容已改为以学术为主，但其在我国互联网发展中所发挥的重要作用仍被人们所记忆。

Web 服务主要采用 B/S（Browser/Server，浏览器 / 服务器）架构，客户端浏览器向 Web 服务器端发送访问请求，Web 服务器端处理请求并向客户端浏览器发送响应消息，这样用户就能够浏览网站的页面内容。

HTTP（HyperText Transfer Protocol，超文本传输协议）是 Web 服务的支撑协议，它是一个典型的应用层协议，由万维网联盟（World Wide Web Consortium）和因特网工程任务组（Internet Engineering Task Force，IETF）联合制定。所谓"超文本"是指使用超链接方法将位于不同位置的信息组成一个网状的文本结构，用户可通过 Web 页面中的文字、图片等所包含的超链接跳转访问其他位置的信息资源。HTTP 使用 TCP 传递数据（HTML 文件、图片文件、查询结果等），默认监听的端口为 80。

Web 服务器，一般是指存放网站并提供访问的计算机程序，也称"中间件"或"组件"，其中 Apache、Nginx、IIS 等应用较为广泛。随着互联网全面进入移动和交互定制时代，与 Web 有关的从业人员也需要密切分工合作，前端工程师主要负责界面设计，后端工程师主要负责功能模块的代码编写，运维工程师负责保障 Web 服务器的可靠运行。

项目描述

许多公司都有自己的网站，菲燕公司也准备创建自己的网站来展示企业形象、提供产品资讯，以及信息发布。菲燕公司已经委托了另一家公司为其开发网站，在此之前，公司决定在内部网络系统中搭建一台 Web 服务器来实现公司各部门的信息发布。

考虑到公司的需求，信息部小张可利用 Windows Server 2012 R2 系统中自带的 IIS（Internet Information Services，Internet 信息服务）组件配置一台 Web 服务器，除公司内网站点外，还可以针对各部门需求开启 Web 身份验证或为其创建独立站点，如图 8-0-1 所示。

VMnet0
桥接虚拟交换机

fs
IP地址：192.168.20.201
首选DNS服务器：192.168.20.201
角色：DNS服务器、Web服务器
Web站点1：192.168.20.201:80
Web站点2：192.168.20.201:8080

fs2
IP地址：192.168.20.202
首选DNS服务器：192.168.20.201
角色：Web服务器
Web站点1：yf.flyingswallow.cn
Web站点2：xs.flyingswallow.cn

Web客户端
IP地址：192.168.20.2
首选DNS服务器：192.168.20.201

图 8-0-1　项目拓扑结构图

 能力素质

- 理解 Web、WWW、HTTP 的基本概念；
- 知道 Web 的应用场景；
- 掌握 URL 的语法格式；
- 能安装主流的 Web 服务器组件 IIS 并发布基本的网站；
- 能在 IIS 中设置网站的身份验证；
- 能根据需求配置不同端口、不同主机名（域名）的 Web 虚拟主机；
- 弘扬爱国与创新精神，能主动了解我国 WWW 的发展；
- 增强信息系统安全意识，根据实际需求设置身份验证；
- 增强节约意识，能适用 Web 虚拟机主机解决服务器资源。

任务 8.1　配置 Web 服务器

 任务描述

菲燕公司信息部小张决定利用一台 Windows Server 2012 R2 服务器安装 Web 组件 IIS，

安装完成之后需要测试可用性，并创建和发布一个简易的公司网站。由于小张前期已经创建了用于 Web 访问的别名记录（www.flyingswallow.cn）并指向了 fs 所对应的主机记录（fs.flyingswallow.cn），因此，公司网站发布后要使用 IP 地址和域名进行访问测试。

任务实施

8.1.1　安装 Web 服务器平台 IIS

步骤 1：在"服务器管理器"窗口中，依次选择"仪表板"→"快速启动"→"添加角色和功能"命令。

步骤 2：打开"添加角色和功能向导"窗口后，在"开始之前"界面单击"下一步"按钮。

步骤 3：在"选择安装类型"界面中，选中"基于角色或基于功能的安装"单选按钮，然后单击"下一步"按钮。

步骤 4：在"选择目标服务器"界面，选中"从服务器池中选择服务器"单选按钮，然后选择本任务所使用的服务器"fs"，单击"下一步"按钮，如图 8-1-1 所示。

步骤 5：在"选择服务器角色"界面中，勾选"Web 服务器（IIS）"复选框，在弹出的"添加 Web 服务器（IIS）所需的功能？"对话框中单击"添加功能"按钮，返回确认"Web 服务器（IIS）"角色处于已选择状态后单击"下一步"按钮，如图 8-1-2 所示。

图 8-1-1　选择要添加角色的服务器

图 8-1-2　选择服务器角色

✎ **知识链接**

　　IIS（Internet Information Services，Internet 信息服务）是 Windows Server 系统常用的一个 Web 服务器组件，能够搭建 Web、FTP、NNTP、SMTP 服务器，分别实现网站发布、文件传输、新闻服务和邮件发送的功能。

步骤 6：在"选择功能"界面中单击"下一步"按钮。

步骤 7：在"Web 服务器角色（IIS）"界面中单击"下一步"按钮。

步骤 8：在"选择角色服务"界面中，勾选"Windows 身份验证"复选框（本项目任务 8.2 中需要使用此功能，此处一并安装），然后单击"下一步"按钮，如图 8-1-3 所示。

步骤 9：在"确认安装所选内容"界面中，单击"安装"按钮。

步骤 10：等待安装完毕后在"安装进度"界面中，单击"关闭"按钮，如图 8-1-4 所示。

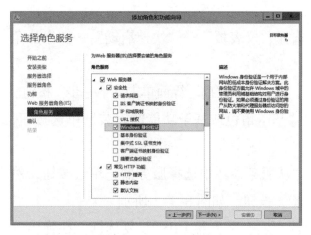
图 8-1-3　添加"Windows 身份验证"功能

图 8-1-4　IIS 安装完成

8.1.2　检查 Web 服务器初始状态

在本服务器上的 Web 浏览器中访问"http://localhost"（或"http://127.0.0.1"）即可看到 IIS 的默认网站页面，如图 8-1-5 所示，表明 IIS 已经安装完成并处于运行状态。

图 8-1-5　访问 IIS 默认页面

经验分享

如果安装完 IIS 后不能打开默认网站，则需要在服务器上的"服务"管理工具（"开始"→"运行"→"services.msc"）中检查"World Wide Web Publishing Service"服务是否处于运行状态，并在命令提示符中使用"netstat -an"命令检查服务器是否开启了对 80 端口的监听。

8.1.3 创建网站目录及首页文件

在 D 盘中创建用于存放网站的文件夹"webroot"，并将首页文件"index.html"保存至该文件夹中。首页文件可以用记事本等程序进行编辑，然后保存为 IIS 支持的网站默认文档名"index.html"，如图 8-1-6 所示。

图 8-1-6 创建网站目录及首页文件

 知识链接

IIS 中的默认文档，是指当客户端访问某一网站且未指定请求的文件名时，默认显示的文件。IIS 8.5 默认以 Default.htm、Default.asp、index.htm、index.html、iisstart.htm 这 5 种文件作为默认文档，按顺序显示第一个匹配的文档。如首页文件名不在 IIS 默认支持的列表内，则需要在网站"默认文档"中进行添加，否则将无法打开网站首页并会收到"HTTP 错误 403.14 – Forbidden"的提示信息。

8.1.4 停用默认网站

步骤 1：打开"服务器管理器"窗口，单击"IIS"选项，右击服务器"FS"，在弹出的快捷菜单中选择"Internet Information Services（IIS）管理器"命令，如图 8-1-7 所示。

步骤 2：在"Internet Information Services（IIS）管理器"窗口左侧依次展开"FS"→"网站"节点，若出现"是否要开始使用 Microsoft Web 平台以保持与最新 Web 平台组件的连接？"对话框中，则勾选"不显示此消息。"复选框，单击"否"按钮，如图 8-1-8 所示。

步骤 3：右击"Default Web Site"，在弹出的快捷菜单中依次选择"管理网站"→"停止"命令即可停止默认网站，如图 8-1-9 所示。

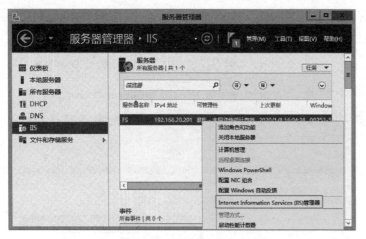

图 8-1-7　启动 IIS 管理工具

图 8-1-8　关闭 Web 平台组建自动更新

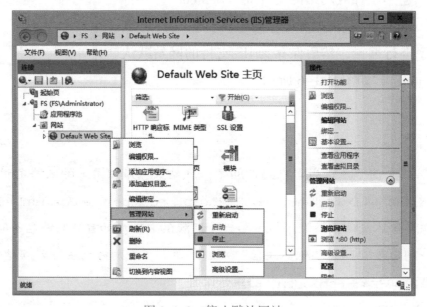

图 8-1-9　停止默认网站

8.1.5　添加新网站

步骤 1：在"Internet Information Services（IIS）管理器"窗口中右击"网站"，在弹出的快捷菜单中选择"添加网站"命令，如图 8-1-10 所示。

步骤 2：在"添加网站"对话框中输入网站名称、物理路径，在本任务中，输入名称为"公司网站"，物理路径为"D:\webroot"，然后单击"确定"按钮，如图 8-1-11 所示。

 知识链接

网站名称是指用于网站识别的名称。物理路径是存放网站的主目录（文件夹）。

图 8-1-10 添加网站

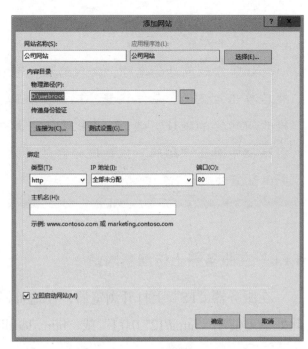

图 8-1-11 设置网站参数

操作提示

当 Web 服务器只有一个 IP 地址时，图 8-1-11 中的"IP 地址"可以使用默认的"全部未分配"设置，在网站绑定信息中会显示"*:80"，但如果 Web 服务器具有多个 IP 地址，为了保证服务器安全，需要设置网站所监听的 IP 地址，在网站绑定中会显示如"192.168.20.201:80"的信息。

步骤 3：由于默认网站已绑定了"*:80"，再次使用时会弹出已被绑定的提示。在本任务中，已提前停止了默认网站，此处单击"是"按钮，如图 8-1-12 所示。

步骤 4：返回"Internet Information Services（IIS）管理器"窗口后，单击"网站"节点，可以看到名称为"公司网站"的网站为"已启动（http）"状态，绑定在"*:80"上，如图 8-1-13 所示。

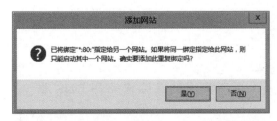

图 8-1-12 网站 IP 和端口已被绑定的提示

图 8-1-13 添加完成的网站信息概要

经验分享

　　如需修改网站的名称、物理路径，可在"网站"的"功能视图"窗口选择该网站，然后单击右侧的"基本设置"链接，在弹出的"编辑网站"对话框中进行修改。如需修改网站的IP地址、端口、主机名，可单击右侧的"绑定"链接，在弹出的"网站绑定"对话框中单击"编辑"按钮进行修改。上述修改完成后，需单击"重新启动"链接使新的配置生效。

8.1.6　在服务器上访问新网站

　　在服务器"FS"上打开浏览器，在地址栏中输入"http://192.168.20.201"（即本机 IP 地址，此处也可使用"http://127.0.0.1"或"http://localhost"），即可访问网站首页，如图 8-1-14 所示。

 知识链接

　　URL（Uniform Resource Locator，统一资源定位符）是访问 WWW、FTP 等服务指定资源位置的表示方法，一般格式为"协议类型 :// 服务器地址 [: 端口号]/ 路径 / 文件"，若端口为 80 则可省略，若未指定协议则默认使用 HTTP，例如，www.baidu.com，http://192.168.1.1/mydir1/pic1.jpg，http://www.abc.com:8080/news.xml 等。

8.1.7　在客户端上使用域名访问新网站

　　在客户端上测试公司网站，打开浏览器输入 URL 地址"http://www.flyingswallow.cn"，可以看到公司网站首页，如图 8-1-15 所示。

图 8-1-14　在服务器上打开新网站　　　　图 8-1-15　在客户端上打开新网站

 操作提示

　　如需使用域名访问网站，则需要在客户端上正确设置所使用的首选或备用 DNS 服务器，且 DNS 服务器上有正确的网站域名。

任务拓展

在一台 Windows Server 2012 R2 服务器上安装 IIS 并按以下要求创建并发布网站。

① 在该服务器上创建用于存放网站的文件夹 C:\news。

② 创建首页文件 news.htm 并输入页面内容"公司最新动态"。

③ 在 IIS 中创建一个名为"news"的网站，设置其物理路径为 C:\news，访问端口为 8080。

④ 利用服务器、客户端上自带的浏览器访问该网站。

任务 8.2　设置网站的身份验证

任务描述

　　菲燕公司逐步使用内部网站发布一些重要信息，保障网站的授权访问也成了紧迫需求。负责任务实施的小张经过研究思考，发现 IIS 中可以添加"Windows 身份验证"这一角色服务，利用这个服务可以授权 Windows Server 2012 R2 系统中的用户访问，未取得授权的用户则无法登录网站。

任务实施

8.2.1　开启网站的身份验证

　　步骤 1：在"Internet Information Services（IIS）管理器"窗口左侧单击"公司网站"选项，在窗口中间"功能视图"中双击"身份验证"图标，如图 8-2-1 所示。

　　步骤 2：在"Internet Information Services（IIS）管理器"的"身份验证"界面中右击"Windows 身份验证"，在弹出的快捷菜单中选择"启用"命令，如图 8-2-2 所示。

　　步骤 3：确保"Windows 身份验证"状态变为"已启用"则说明网站已开启此类型的身份验证，如图 8-2-3 所示。

图 8-2-1 设置网站的身份验证

图 8-2-2 启用 Windows 身份验证

图 8-2-3 Windows 身份验证已启用

知识链接

　　IIS 支持 4 种网站的身份验证方式，若两种以上验证同时启用，则按匿名身份验证、Windows 身份验证、摘要式身份验证、基本身份验证的先后顺序执行。

　　网站默认启用匿名身份验证，IIS 使用内置的 IUSR 用户作为匿名身份，访问网站时无须输入用户名、密码；Windows 身份验证一般用于公司内部客户端访问内部网站，传输经过加密的用户名、密码；摘要身份验证要求 IIS 所在服务器是域控制器或成员并使用 Active Directory 域用户来进行验证；基本身份验证的密码以明文传递。

　　如需开启其他验证方式，须先禁用匿名身份验证，用户访问时网站会弹出用户身份验证对话框，通过验证即可访问网站。

8.2.2 在客户端上使用账户访问站点

　　步骤 1：在客户端浏览器中访问公司网站，则会看到弹出的身份验证对话框，正确输入 Web 服务器中已创建的 Windows 账户和密码，然后单击"确定"按钮，如图 8-2-4 所示。

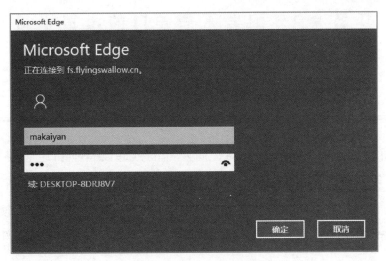

图 8-2-4   网站的身份验证提示

操作提示

如要使用 IIS 中的网站身份验证功能，需要创建好用于网站身份验证的用户。

步骤 2：通过身份验证后可打开网站，如图 8-2-5 所示。

步骤 3：如果未通过身份验证，则会出现"401- 未授权：由于凭据无效，访问被拒绝。"的提示，如图 8-2-6 所示。

图 8-2-5   通过身份验证后的网页

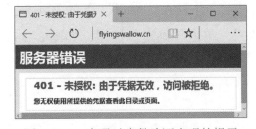

图 8-2-6   未通过身份验证出现的提示

 安全提示

保障网站的安全需要从多方面考虑，如 Web 服务器系统的设置、网站设计与编码、Web 服务器组件中相应网站的安全设置等。本项目中使用 IIS 支持的身份验证技术限制了用户身份，读者还可尝试利用 IIS 中提供的"连接限制"等功能来提高 Web 服务器的安全性。

任务 8.3　配置不同端口的虚拟主机

任务描述

　　菲燕公司目前只有一台 Web 服务器，研发部的数通设备项目组想要利用网页随时发布和公示产品研发进度，需要信息部小张为其项目创建单独的内部网站，并且设置首页显示文件"智能交换机产品项目进度 .html"中的内容。由于网站默认使用 80 端口，此端口已经被"公司网站"占用，因此小张决定使用其他端口来创建研发部所需的网站。

任务实施

8.3.1　添加新网站

　　步骤 1：在"Internet Information Services（IIS）管理器"窗口中右击"网站"，在弹出的快捷菜单中选择"添加网站"命令。

　　步骤 2：在"添加网站"对话框中输入网站名称和物理路径，在本任务中，分别输入"研发部站点"和"D:\研发部站点"，并且在"端口"下的文本框中将绑定端口设置为"8080"，单击"确定"按钮，如图 8-3-1 所示。

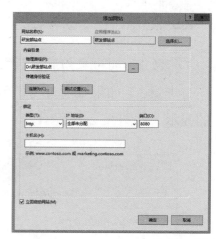

图 8-3-1　设置网站参数

知识链接

　　在同一台 Web 服务器上可以创建多个网站，每个网站具备一个唯一识别信息，包括 IP 地址、（TCP）端口号和主机名，可以利用三者的不同来创建多个网站，这些识别信息不同的网站也称之为 Web 虚拟主机。

　　若 Web 服务器有多个 IP，则可以创建不同 IP 的网站；若要利用 Web 服务器的一个 IP 地址创建多个网站，则每个网站可以使用不同的端口号；若 Web 服务器只有一个 IP 地址且要利用相同的端口来创建网站，则可绑定不同的主机名，如主机名分别为"www1.abc.com"与"www2.abc.com"。

8.3.2　添加默认文档

步骤 1：单击"研发部站点"选项，在"研发部站点主页"界面中双击"默认文档"图标，如图 8-3-2 所示。

图 8-3-2　添加默认文档

操作提示

研发部网站要显示的首页名称不在 IIS 支持的默认文档列表之内，需要自行添加。

步骤 2：在"默认文档"界面单击右侧"添加"链接，如图 8-3-3 所示。

步骤 3：在"添加默认文档"对话框中输入研发部数通项目组站点要显示的文件名称"智能交换机产品项目进度 .html"，然后单击"确定"按钮，如图 8-3-4 所示。

图 8-3-3　默认文档支持列表

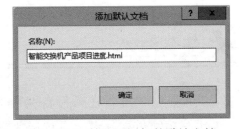

图 8-3-4　输入要添加的默认文档

步骤 4：返回"默认文档"界面后可以看到"智能交换机产品项目进度 .html"已经添加到列表中，如图 8-3-5 所示。

图 8-3-5　默认文档添加完成

8.3.3　测试 8080 端口的网站

打开浏览器，在地址栏中输入 "http://192.168.20.201:8080" 即可访问研发部数通项目组的网站，如图 8-3-6 所示。

图 8-3-6　在客户端上访问 8080 端口的网站

任务 8.4　配置不同主机名的虚拟主机

任务描述

菲燕公司准备在另一台 Web 服务器（本任务为 FS2）上创建两个网站，分别为研发部站点和销售部站点，且均要支持使用域名访问。基于这个需求，小张可以在 DNS 服务器上创建两个网站的主机名（域名），然后在 Web 服务器上创建主机名（域名）不同的 Web 虚拟主机，见表 8-4-1。

表 8-4-1 网站（虚拟主机）信息设置

网站名称	主机名（域名）	物理路径	端口
研发部站点	yf.flyingswallow.cn	D:\公司内网 Web\ 研发部站点	80
销售部站点	xs.flyingswallow.cn	D:\公司内网 Web\ 销售部站点	80

任务实施

8.4.1 在 DNS 服务器上添加用于虚拟主机的记录

在 DNS 服务器上添加两条记录用于对应 Web 虚拟主机别名记录（也可使用主机记录），在本任务中，"yf" 和 "xs" 均指向主机 fs2.flyingswallow.cn，如图 8-4-1 所示。

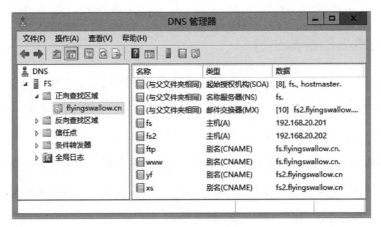

图 8-4-1 在 DNS 服务器上添加用于虚拟主机的记录

8.4.2 在 Web 服务器上检查 DNS 设置

步骤 1：检查 Web 服务器（本任务为服务器 FS2）的 DNS 服务器地址配置是否正确，如图 8-4-2 所示。

步骤 2：测试用于网站绑定的主机名 yf.flyingswallow.cn 和 xs.flyingswallow.cn 是否能够正确解析到对应的 Web 服务器，如图 8-4-3 所示。

经验分享

在配置不同主机名的虚拟主机之前，必须在 Web 服务器上检查网站对应的主机名是否能够解析，如未得到解析结果，则需检查 DNS 服务器中是否有主机名的区域和记录，以及检查 Web 服务器 IP 地址信息中的 DNS 指向是否正确。

图 8-4-2　Web 服务器的 DNS 设置

图 8-4-3　测试用于 Web 站点的 DNS 记录
是否能够正确解析

8.4.3　创建不同主机名的虚拟主机

步骤 1：创建研发部网站，分别输入网站名称和物理路径，在本任务中，分别输入"研发部站点""D:\ 公司内网 Web\ 研发部站点"，并在"主机名"下的文本框中设置主机名为"yf.flyingswallow.cn"，如图 8-4-4 所示。

步骤 2：创建销售部网站，分别输入网站名称和物理路径，在本任务中，分别输入"销售部站点""D:\ 公司内网 Web\ 销售部站点"，并在"主机名"下的文本框中设置该网站对应的主机名为"xs.flyingswallow.cn"，如图 8-4-5 所示。

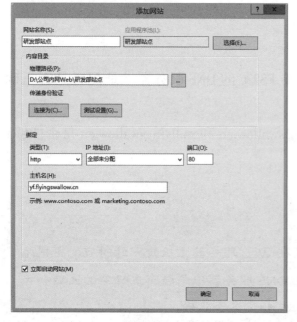

图 8-4-4　设置研发部网站信息

图 8-4-5　设置销售部网站信息

步骤 3：在"网站"列表中可以看到刚刚创建的"研发部站点""销售部站点"的状态和绑定信息，如图 8-4-6 所示。

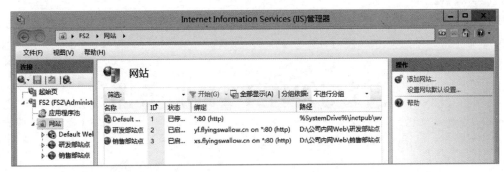

图 8-4-6 虚拟机主机的网站绑定信息

8.4.4 测试不同主机名的虚拟主机

步骤 1：在浏览器中使用 URL 地址"http://yf.flyingswallow.cn"访问研发部站点，如图 8-4-7 所示。

步骤 2：在浏览器中使用 URL 地址"http://xs.flyingswallow.cn"访问销售部站点，如图 8-4-8 所示。

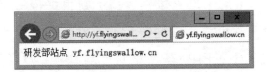

图 8-4-7 访问研发部站点

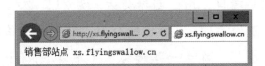

图 8-4-8 访问销售部站点

配置与管理 FTP 服务器

FTP（File Transfer Protocol，文件传输协议）是一种应用较为广泛的文件服务，其可通过 Internet 传输文件，常用于两台计算机之间的文件共享。FTP 服务器主要采用 C/S（Client/Server，客户端/服务器）架构，使用 FTP 客户端登录服务器后，可从服务器下载文件，也可将客户端上的文件上传到服务器。FTP 服务器可为不同类型用户提供存储空间，也可根据实际需求设置访问权限。

FTP 基于传输层的 TCP 传递数据，需要监听两个端口，默认监听的命令端口（也称为控制端口，用于创建会话）为 21，数据端口（用于用户传输数据）则根据传输模式的区别而不同。FTP 传输分为主动和被动传输两种模式，其判断标准为服务器是否主动传输数据。在主动传输模式（也称 PORT 模式）下，FTP 客户端利用端口 N（$N>1023$）和 FTP 服务器的 21 端口建立连接，然后在这个通道上发送 PORT 命令（包含客户端接收数据的端口，一般为 $N+1$），服务器端通过自己的 20 端口连接客户端的指定端口传输数据，此时具有两个连接，一个是客户端口 N 和服务器端口 21 建立的控制连接，另一个是服务器端口 20 和客户端端口 $N+1$ 建立的数据连接。在被动传输模式（也称 PASV 模式）下，FTP 客户端利用端口 N（$N>1023$）和 FTP 服务器的 21 端口建立连接，然后在这个通道上发送 PASV 命令，服务器随机打开一个临时端口 N（$1023<N<65535$）并通知客户端这个端口将用于数据传输，客户端访问服务器的端口 N 来传输数据。在客户端启用防火墙的情况下，被动传输模式解决了服务器无法主动连接客户端的问题。

主流的 FTP 服务器平台有 IIS、Serv-U、Vsftpd 等，使用 Windows 系统的用户无须再安装客户端，使用资源管理器即可访问 FTP 服务器。如需访问 FTPS（FTP over SSL）服务器则要安装 FileZilla 等工具，这些工具还具有断点续传等优势。

![图标] 项目描述

　　随着菲燕公司业务规模不断壮大，需要为内部员工提供一台用于文件传输的服务器，以便利用这台服务器共享文件。文件服务器能对不同的共享目录设置权限，总经理、研发部和销售部员工能够上传、下载文件，其他部门的用户只能读取文件。此外，公司还需要利用这台文件服务器为不同员工提供单独的存储空间。

　　依据公司需求，信息部小张可利用 Windows Server 2012 R2 系统中自带的 IIS 组件配置 FTP 服务器并创建不同的站点，第一个站点具有匿名用户的读取权限且能够让总经理、研发部、销售部员工读写数据；第二个站点采用 FTP 用户隔离的方式为有需求的员工提供单独存储空间，如图 9-0-1 所示。

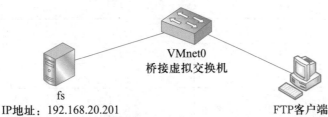

VMnet0
桥接虚拟交换机

fs
IP地址：192.168.20.201
首选DNS服务器：192.168.20.201
角色：DNS服务器、FTP服务器

FTP客户端
IP地址：192.168.20.2
首选DNS服务器：192.168.20.201

图 9-0-1　项目拓扑结构图

![图标] 能力素质

- 理解 FTP 的基本概念；
- 知道 FTP 的应用场景；
- 能在 IIS 组件中添加 FTP 服务；
- 能在 IIS 中创建基本的 FTP 站点并发布；
- 能在 IIS 中创建隔离用户的 FTP 站点并发布；
- 能根据需求添加 FTP 虚拟目录并设置权限；
- 能在客户端上访问 FTP 站点并进行文件的读写操作；
- 增强信息系统安全意识，能对 FTP 站点设置访问权限；
- 增强用户隐私保护意识，未经允许不随意查看用户数据。

任务 9.1　配置基本 FTP 服务器

任务描述

　　菲燕公司信息部小张决定利用已经安装了 IIS 的 Windows Server 2012 R2 服务器（在本任务中，使用名为 fs 的服务器）来添加 FTP 服务，然后创建一个 FTP 站点。FTP 站点要设置身份验证，允许总经理、研发部和销售部员工访问，对于没有具体账号的用户则使用匿名用户访问。此外，还要设置 FTP 站点的授权规则，允许总经理、研发部、销售部员工读取和写入文件，匿名用户则只能读取文件，见表 9-1-1。

表 9-1-1　FTP 站点身份和权限设置

用户角色	用户账户	隶属组	FTP 物理路径	物理路径的 NTFS 权限	FTP 身份验证	FTP 授权规则
总经理	makaiyan	Users	D:\FTPROOT	用户 makaiyan 完全控制	基本	读取 写入
研发部员工	wanghao jiayanguang	yanfa、Users	D:\FTPROOT	组 yanfa 完全控制	基本	读取 写入
销售部员工	lufei renyanjun	xiaoshou、Users	D:\FTPROOT	组 xiaoshou 完全控制	基本	读取 写入
其他员工	无	无	D:\FTPROOT	默认 Users 组 读取和执行	匿名	读取

任务实施

9.1.1　添加 FTP 服务器角色

　　步骤 1：在"服务器管理器"窗口中，依次选择"仪表板"→"快速启动"→"添加角色和功能"命令。

　　步骤 2：打开"添加角色和功能向导"窗口后，在"开始之前"界面单击"下一步"按钮。

　　步骤 3：在"选择安装类型"界面中，选中"基于角色或基于功能的安装"单选按钮，然后单击"下一步"按钮。

　　步骤 4：在"选择目标服务器"界面中，选中"从服务器池中选择服务器"单选按钮，然后选择本任务中使用的服务器"fs"，单击"下一步"按钮。

　　步骤 5：在"选择服务器角色"界面中展开"Web 服务器（IIS）"，勾选"FTP 服务器"复选框，然后单击"下一步"按钮，如图 9-1-1 所示。

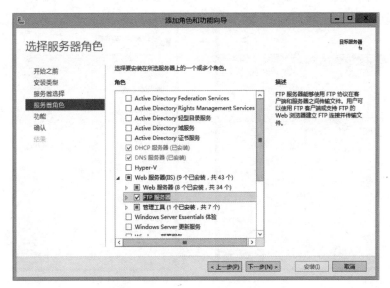

图 9-1-1　添加 FTP 服务器角色

步骤 6：在"选择功能"界面中，单击"下一步"按钮。

步骤 7：在"确认安装所选内容"界面中，单击"安装"按钮。

步骤 8：等待安装完毕后在"安装进度"界面中，单击"关闭"按钮。

9.1.2　添加 FTP 站点

步骤 1：在"Internet Information Services（IIS）管理器"窗口中右击"网站"，在弹出的快捷菜单中选择"添加 FTP 站点"命令，如图 9-1-2 所示。

图 9-1-2　添加 FTP 站点

　　步骤 2：在"添加 FTP 站点"对话框的"站点信息"界面中，设置 FTP 站点名称为"公司 FTP"、物理路径为"D:\FTPROOT"（用于 FTP 共享的目录，已存放文件），然后单击"下一步"按钮，如图 9-1-3 所示。

　　步骤 3：在"绑定和 SSL 设置"界面中选中"无 SSL"单选按钮，其余参数使用默认设置，然后单击"下一步"按钮，如图 9-1-4 所示。

图 9-1-3　设置 FTP 站点的名称和物理路径

图 9-1-4　设置 FTP 站点不绑定 SSL

安全提示

　　由于 FTP 在传输用户名、密码时使用明文，存在被捕获的风险。建议只在企业内网中使用 FTP 服务器，且在接入层交换机上关闭端口镜像功能以降低账户泄露风险。如有条件，也可使用 FTPS（FTP over SSL）或基于 SSH 协议的 SFTP（Secure File Transfer Protocol），如需使用 FTPS、SFTP 需要下载并安装 FileZilla 等客户端，读者可自行拓展学习。

　　步骤 4：在"身份验证和授权信息"界面中勾选"匿名""基本"复选框，然后单击"完成"按钮，如图 9-1-5 所示。

图 9-1-5　设置 FTP 站点的身份验证

知识链接

　　FTP 身份验证用来指定可以访问 FTP 服务器的用户类型，包括两种类型：基本身份验证和匿名身份验证。其中基本身份验证用于本地用户和域用户；匿名身份验证用于没有特定用户账户而又要访问 FTP 站点的情况。匿名访问登录 FTP 站点时使用 anonymous 作为用户名，使用邮箱地址作为密码，也可不输入密码。

　　步骤 5：返回 "Internet Information Services（IIS）管理器" 窗口可看到已创建完成的 FTP 站点 "公司 FTP"，如图 9-1-6 所示。

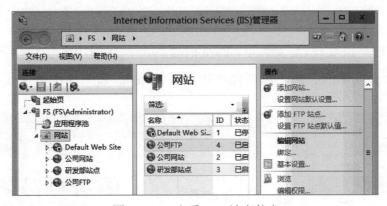

图 9-1-6　查看 FTP 站点信息

9.1.3　设置 FTP 授权规则

　　步骤 1：在 "Internet Information Services（IIS）管理器" 窗口，展开 "FS" → "网站" 节点，单击 "公司 FTP"，在 "公司 FTP 主页" 界面中双击 "FTP 授权规则" 图标，如图 9-1-7 所示。

图 9-1-7　设置 FTP 授权规则

✎ **知识链接**

FTP授权规则用来指定能够访问FTP站点的用户所具有的权限，可对所有用户、匿名用户、指定组、指定用户4种用户分类设置权限，分为读取、写入两种权限。

🐾 **操作提示**

如需设置用户访问FTP站点的权限，除在IIS中设置FTP授权规则外，还需要结合FTP物理路径的NTFS权限，最终权限为两者的最严格设置。

步骤2：在"FTP授权规则"界面下的空白处右击，在弹出的快捷菜单中选择"添加允许规则"命令（或直接单击右侧"添加允许规则"链接），如图9-1-8所示。

图9-1-8 添加允许规则

步骤3：在"添加允许授权规则"对话框中设置匿名用户只能读取数据，选中"所有匿名用户"单选按钮，然后勾选"读取"复选框，单击"确定"按钮，如图9-1-9所示。

步骤4：继续添加允许规则，设置总经理、销售部和研发部用户可以读取和写入数据。以销售部为例，选中"指定的角色或用户组"单选按钮，输入组名"xiaoshou"，然后勾选"读取""写入"两个复选框，单击"确定"按钮，如图9-1-10所示。按同样步骤添加研发部用户的FTP授权规则为"读取""写入"（设置"指定的角色或用户组"为"yanfa"）。添加总经理用户的FTP授权规则也为"读取""写入"（设置"指定的用户"为"makaiyan"）。

步骤5：设置完成后的FTP授权规则，如图9-1-11所示。

图 9-1-9 设置匿名用户的授权规则   图 9-1-10 设置销售部的 FTP 授权为读取、写入

图 9-1-11 设置完成的 FTP 授权规则

🐵 安全提示

FTP 服务存在被黑客使用工具进行弱口令暴力破解的可能，因此建议为 FTP 用户设置强密码、设置最大并发连接数、禁用匿名用户登录，如确实需要开启匿名用户则建议关闭写入功能。

9.1.4 设置 FTP 站点的访问权限

右击 FTP 站点的根文件夹"D:\FTPROOT"，在弹出的快捷菜单中选择"属性"命令，然后在弹出的窗口中单击"安全"选项卡，分别设置总经理用户"makaiyan"、销售部组"xiaoshou"、研发部组"yanfa"对该文件夹具有"完全控制"权限，以组"xiaoshou"为例，如图 9-1-12 所示。

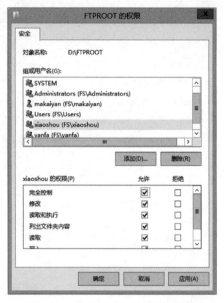

9.1.5　使用匿名用户访问 FTP 站点

步骤 1：在客户端浏览器地址栏中输入 FTP 服务器的域名或 IP 地址，本任务以使用 Windows 10 系统"此电脑"为例，访问"ftp://ftp.flyingswallow.cn"（已在 DNS 服务器上创建了相应解析记录），如图 9-1-13 所示。

步骤 2：客户端默认以匿名用户身份登录，能够读取文件，如图 9-1-14 所示。

图 9-1-12　FTP 站点的权限设置

图 9-1-13　访问 FTP 站点

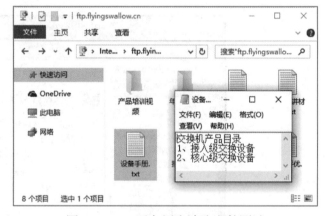

图 9-1-14　匿名用户读取文件测试

步骤 3：进一步测试匿名用户的写入权限，可看到新建文件夹操作被 FTP 服务器拒绝，如图 9-1-15 和图 9-1-16 所示。

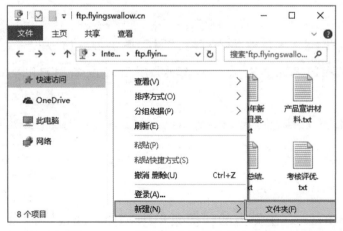

图 9-1-15　匿名用户新建文件夹测试

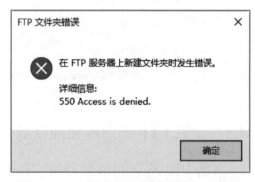

图 9-1-16　匿名用户新建文件夹被拒绝

9.1.6 使用普通用户访问 FTP 站点

步骤 1：在 FTP 窗口的工作区空白处右击，在弹出的快捷菜单中选择"登录"命令，如图 9-1-17 所示。

步骤 2：在弹出的"登录身份"对话框中输入用户名和密码，然后单击"登录"按钮，如图 9-1-18 所示。本任务以总经理用户"makaiyan"为例，其他部门用户可使用相同步骤进行测试。

步骤 3：测试用户"makaiyan"的写入权限，如图 9-1-19 和图 9-1-20 所示。

图 9-1-17 切换 FTP 服务器的登录用户

图 9-1-18 输入登录 FTP 站点的用户名和密码

图 9-1-19 用户"makaiyan"新建文件夹测试

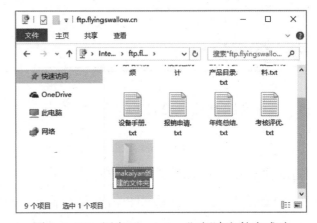

图 9-1-20 用户"makaiyan"新建文件夹成功

任务拓展

① 了解 FileZilla、FlashFXP 等第三方 FTP 客户端软件的功能与特点。

② 下载第三方 FTP 客户端软件，并尝试登录 FTP 站点。

③ 了解第三方 FTP 服务器组件 Serv-U 的功能与特点。

④ 下载支持 Windows 平台的 Serv-U，并使用 Serv-U 配置一台与本任务功能相似的 FTP 站点。

⑤ 了解 Windows 命令提示符中 ftp 命令的使用方法，并使用该命令访问 FTP 站点。

⑥ 了解 FTP 明文口令（密码），查找并学习利用数据包分析软件分析 FTP 口令的案例。

任务 9.2　配置用户隔离的 FTP 服务器

任务描述

　　菲燕公司部署 FTP 服务器后，员工间的文件共享效率得到了提升。现在，公司领导要求信息部小张利用 FTP 服务器为不同员工提供单独存储空间，并创建一个总经理、销售部门和研发部员工都能访问的目录用于存放公司新产品的培训视频。

　　依据公司新需求，小张可以在 FTP 服务器上建立第二个站点，并且利用 IIS 提供的 FTP 用户隔离功能为有需求的总经理、销售部门和研发部员工提供单独的存储目录。对于存放公司新产品的培训视频的需求，可以创建一个 FTP 全局虚拟目录供用户访问。

任务实施

9.2.1　添加端口为 2121 的 FTP 站点

　　步骤 1：在 "Internet Information Services（IIS）管理器" 窗口中，右击 "网站"，在弹出的快捷菜单中选择 "添加 FTP 站点" 命令。

　　步骤 2：在 "添加 FTP 站点" 对话框的 "站点信息" 界面中，设置 "FTP 站点名称" 为 "员工文件存储 FTP"、设置 "物理路径" 为 "D:\员工文件存储 FTP"（FTP 共享目录），然后单击 "下一步" 按钮，如图 9-2-1 所示。

　　步骤 3：在 "绑定和 SSL 设置" 界面中设置 "端口" 为 "2121"（默认的 21 号端口已被名为 "公司 FTP" 的站点占用），并选中 "无 SSL" 单选按钮，然后单击 "下一步" 按钮，如图 9-2-2 所示。

　　步骤 4：在 "身份验证和授权信息" 界面中，勾选 "匿名""基本" 复选框，然后单击 "完成" 按钮。

图 9-2-1　设置 FTP 站点的名称和物理路径

图 9-2-2　设置 FTP 站点不绑定 SSL

9.2.2　设置 FTP 授权规则

设置站点"员工文件存储 FTP"的 FTP 授权规则为总经理用户"makaiyan"、销售部组"xiaoshou"、研发部组"yanfa"具有读取、写入权限，匿名用户有读取权限，设置结果如图 9-2-3 所示。

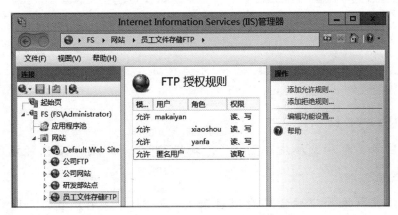

图 9-2-3　设置完成的 FTP 授权规则

9.2.3　设置 FTP 用户隔离

步骤 1：在"Internet Information Services（IIS）管理器"窗口，展开"FS"→"网站"节点，单击"员工文件存储 FTP"选项，在出现的"员工文件存储 FTP 主页"的"功能视图"中双击"FTP 用户隔离"图标，如图 9-2-4 所示。

知识链接

　　FTP用户隔离是一种FTP用户间的安全隔离措施，FTP用户登录后会被定向到其专属的主目录内，并且被限制在此主目录内，无法切换、查看、修改其他用户主目录内的文件。

　　步骤 2：在"FTP用户隔离"界面中选中"用户名物理目录（启用全局虚拟目录）"单选按钮，然后单击右侧的"应用"链接以保存更改，如图 9-2-5 所示。

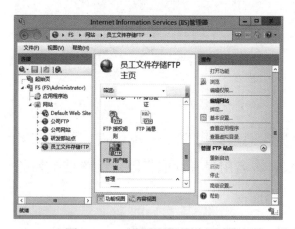

图 9-2-4　设置 FTP 用户隔离

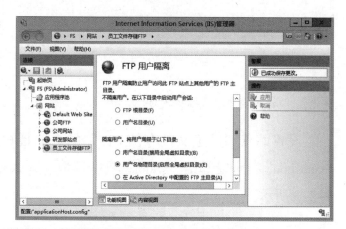

图 9-2-5　选择 FTP 用户隔离方式

知识链接

　　IIS 8.5 提供的 FTP 隔离方式有 3 种：

　　① 用户名目录（禁用全局虚拟目录），是指 FTP 用户登录后只能访问自己的主目录，用户之间不能互访。

　　② 用户名物理目录（启用全局虚拟目录），是指 FTP 用户登录后除了能访问自己目录中的数据，还可访问独立于用户主目录的虚拟目录。

　　③ 在 Active Directory 中配置的 FTP 主目录，是指通过读取 Active Directory 中用户的 msIIS-FTPRoot 和 msIIS-FTPDir 属性来确定用户的 FTP 主目录位置，不同用户的主目录可位于不同分区和文件夹。此功能需要在域控制器上运行"adsiedit.msc"，使用 ADSI 编辑器设置用户 msIIS-FTPRoot 和 msIIS-FTPDir 属性。

9.2.4　创建用户隔离的 FTP 站点文件夹结构并设置访问权限

　　创建 FTP 站点的根文件夹（物理路径）"D:\员工文件存储FTP"，在其内创建名为

"localuser"的子文件夹，并在"localuser"下创建与员工用户名相同的文件夹作为用户主目录，在本任务中，创建了"maikaiyan"等 5 个文件夹。然后在"localuser"下创建用于匿名用户访问的文件夹"public"，结果如图 9-2-6 所示。文件夹创建完成后分别设置与用户名对应的 NTFS 权限。

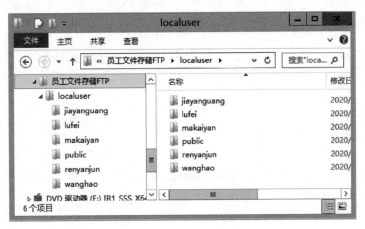

图 9-2-6　FTP 站点的目录结构

知识链接

　　若使用"用户名目录（禁用全局虚拟目录）""用户名物理目录（启用全局虚拟目录）"两种隔离方式，则必须建立 IIS 指定的目录结构，见表 9-2-1。

表 9-2-1　隔离用户的 FTP 目录结构

FTP 主目录示例	FTP 主目录结构	作用	对应用户主目录示例
C:\myftp	localuser\ 用户名	localuser 是 FTP 服务器上本地用户的专用文件夹，其下创建的与本地用户名同名的文件夹将成为各用户的 FTP 主目录	FTP 主目录为 C:\myftp，则用户 zhangsan 的主目录为 C:\myftp\localuser\zhangsan
C:\myftp	localuser\public	localuser 下的 public 文件夹作为匿名用户的主目录	FTP 主目录为 C:\myftp，则匿名用户的主目录为 C:\myftp\localuser\public
C:\myftp	域 NetBIOS 名\用户名称	使用域 NetBIOS 名作为文件夹名，用来为 Active Directory 域用户创建专用文件夹，其下创建的与域用户名同名的文件夹将成为各用户的 FTP 主目录	FTP 主目录为 C:\myftp，若 Active Directory 域的名称为 abc.com，则域用户 lisi 的主目录为 C:\myftp\ABC\lisi

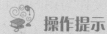

> **操作提示**
>
> 　　FTP 目录的 NTFS 权限可按不同安全的需求设置。在本任务中，简便方法是将 "D:\员工文件存储 FTP" 的 NTFS 权限修改为总经理用户 "makaiyan"、销售部组 "xiaoshou"、研发部组 "yanfa" 具有读取、写入权限。若有更高的安全要求，则要 为具体的用户名文件夹设置只有对应用户有读取、写入权限，如 "D:\员工文件存储 FTP\localuser\wanghao" 文件夹应只有用户 wanghao 能够读取、写入。

9.2.5　使用匿名用户访问 FTP 站点

　　在客户端访问 FTP 站点 "ftp://ftp.flyingswallow.cn:2121"，默认以匿名用户登录，可看到 其主目录 "public" 下的文件，如图 9-2-7 所示。

图 9-2-7　使用匿名用户访问 FTP 站点

9.2.6　使用普通用户访问 FTP 站点

　　步骤 1：在 FTP 窗口工作区空白处右击，在弹出的快捷菜单中选择 "登录" 命令，以 "makaiyan" 身份登录，可看到其主目录内的内容，如图 9-2-8 所示。

　　步骤 2：再以销售部用户 "lufei" 身份登录，可看到其主目录内的内容，如图 9-2-9 所示。

图 9-2-8　以 makaiyan 身份登录后看到的内容

图 9-2-9　以 lufei 身份登录后看到的内容

9.2.7　设置 FTP 虚拟目录及其物理路径的 NTFS 权限

　　步骤 1：在 "Internet Information Services（IIS）管理器" 窗口，展开 "FS" → "网站"

节点，右击"员工文件存储 FTP"选项，在弹出的快捷菜单中选择"添加虚拟目录"命令，如图 9-2-10 所示。

步骤 2：在弹出的"添加虚拟目录"对话框中，分别输入别名"videos"以及对应的物理路径"D:\training videos"（已存放了菲燕公司的新产品培训视频），然后单击"确定"按钮，如图 9-2-11 所示。

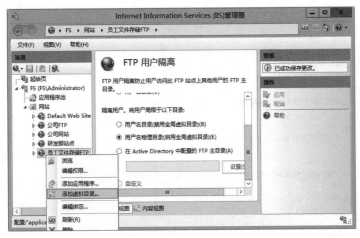

图 9-2-10 添加 FTP 虚拟目录

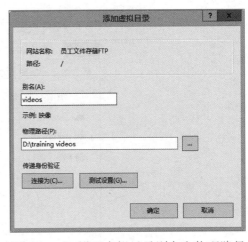

图 9-2-11 设置虚拟目录别名和物理路径

步骤 3：虚拟目录会自动继承 FTP 站点的授权规则，也可按需单独修改，如可删除匿名用户的读取权限。在本任务中，使用继承自站点的授权规则即可，如图 9-2-12 所示。

步骤 4：由于虚拟目录的物理路径"D:\training videos"与 FTP 站点物理路径"D:\员工文件存储 FTP"不同，并不能继承后者的 NTFS 权限，因此需要单独设置"D:\training videos"的 NTFS 权限，即总经理用户"makaiyan"、销售部组"xiaoshou"、研发部组"yanfa"具有读取、写入权限，如图 9-2-13 所示。

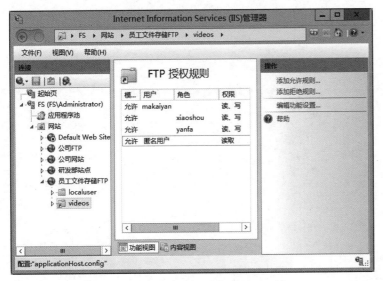

图 9-2-12 虚拟目录的授权规则

图 9-2-13 虚拟目录的 NTFS 权限设置

9.2.8　访问 FTP 虚拟目录

在客户端访问 FTP 站点"ftp://ftp.flyingswallow.cn:2121/videos"（可直接使用含有虚拟目录别名的完整 URL，也可使用 FTP 站点的 URL 登录后添加虚拟目录别名），以销售部"lufei"用户登录，可看到虚拟目录中用于公司产品培训的视频文件，同时具有写入权限，如图9-2-14 所示。

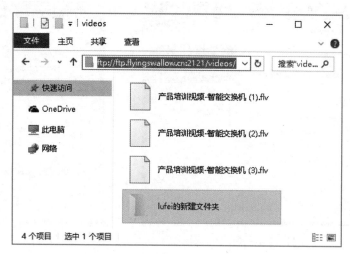

图 9-2-14　访问 FTP 虚拟目录

访问 FTP 虚拟目录

部署与管理 Active Directory

为了更安全、高效地管理和使用网络资源，大多数网络操作系统都提供了集中管理资源的方式，以便对登录验证、资源访问等操作进行统一管理。在 Windows Server 系统中，Active Directory（活动目录，简称 AD）域服务就是集中管理的一种技术。

Active Directory 存储了网络中对象的逻辑指向，如服务器、用户计算机、打印机、用户、组、组织单位（存储对象的逻辑结构）等。它像一本书的目录，存储了网络资源的位置指向与编排方式而非具体的内容，使用 Active Directory 可实现对特定对象与服务的快速访问。

项目描述

泰斯特公司（域名 test.com）是一家中型企业，为更好地管理计算机等资源，需要在内网中部署 Active Directory，使用一台服务器作为域控制器，其他计算机则作为成员加入域，并根据公司的组织架构创建用户账户。同时财务部有一定的安全需求，不允许用户在财务部的计算机上使用可移动存储设备。

在本项目中，将要完成的主要工作包含安装 Active Directory 域服务、将一台服务器提升为域控制器角色、将计算机加入域、创建用户和组并移动到相应的组织单位、设置域内的组策略来管理用户和计算机，项目拓扑结构图如图 10-0-1 所示。

能力素质

- 了解 Active Directory 的应用场景；
- 了解域、林等有关 Active Directory 的基本概念；
- 了解 Active Directory 中的服务器角色；
- 能够将计算机提升为域控制器实现 Active Directory 的基本部署；

图 10-0-1　项目拓扑结构图

- 能够将计算机加入域进行统一管理；
- 能够对域内用户、组、组织单位进行统一管理；
- 能够使用组策略对域用户、计算机进行安全管理；
- 增强信息系统安全和集中管理意识，能够利用 Active Directory 管理内部计算机资源。

任务 10.1　安装 Active Directory 并将独立服务器升级为域控制器

任务描述

　　泰斯特公司准备在内网中部署 Active Directory，由支撑服务部的员工小林来完成此项工作。小林需要在一台服务器上安装 Active Directory 域服务与 DNS 服务，建立 Active Directory 域 test.com，并将此服务器提升为域控制器角色。

任务实施

　　本任务使用计算机名为"DC"，IP 地址为 192.168.30.11 的计算机完成相关操作。

10.1.1　设置 IP 地址、关闭 Windows 防火墙

步骤 1：设置服务器为固定的 IP 地址，设置 Administrator 用户为强密码，并设置"首选 DNS 服务器"为本机 IP 地址，IP 地址设置信息如图 10-1-1 所示。

步骤 2：关闭 Windows 防火墙（或在防火墙中放行相关服务）。

10.1.2　添加 Active Directory 域服务与 DNS 服务器角色

步骤 1：在"服务器管理器"窗口中，依次选择"仪表板"→"快速启动"→"添加角色和功能"命令。

步骤 2：打开"添加角色和功能向导"窗口后，在"开始之前"界面单击"下一步"按钮。

步骤 3：在"选择安装类型"界面中，选中"基于角色或基于功能的安装"单选按钮，然后单击"下一步"按钮。

步骤 4：在"选择目标服务器"界面中，选中"从服务器池中选择服务器"单选按钮，然后选择本任务所使用的服务器"DC"，单击"下一步"按钮。

步骤 5：在"选择服务器角色"界面中，勾选"Active Directory 域服务"复选框，在弹出的"添加 Active Directory 域服务所需的功能？"对话框中单击"添加功能"按钮。然后勾选"DNS 服务器"复选框，在弹出的"添加 DNS 服务器所需的功能？"对话框中单击"添加功能"按钮，返回"选择服务器角色"界面后单击"下一步"按钮，如图 10-1-2 所示。

步骤 6：在"选择功能"界面中，单击"下一步"按钮。

步骤 7：在"Active Directory 域服务"界面中，单击"下一步"按钮。

步骤 8：在"DNS 服务器"界面中，单击"下一步"按钮。

步骤 9：在"确认安装所选内容"界面中，单击"安装"按钮，如图 10-1-3 所示。

图 10-1-1　服务器 IP 地址信息

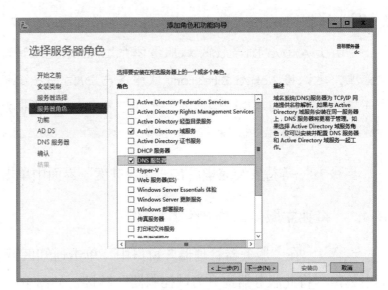

图 10-1-2　选择服务器角色

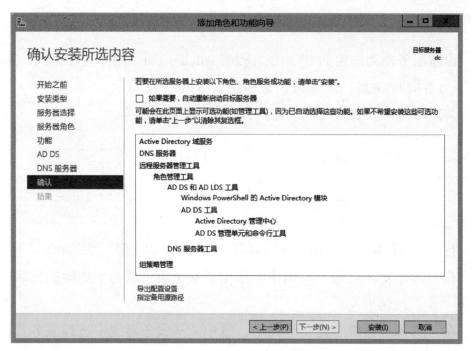

图 10-1-3　确认所选安装内容

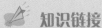 **知识链接**

Active Directory 域服务（Active Directory Domain Services，简称 AD DS），是建立企业 Active Directory 域环境所必须安装的服务，存储了网络中对象的信息，并完成网络用户的登录验证与资源权限分配。

经验分享

由于 Active Directory 域服务依托 DNS 来完成计算机等资源的定位，因此为便于管理，建议将 Active Directory 域服务与 DNS 服务安装到同一台计算机上，这样一旦计算机等资源的名称、IP 地址等发生了变化，DNS 服务将能够同步更新。

步骤 10：等待安装完毕后在"安装进度"界面中单击"关闭"按钮。

10.1.3　将独立服务器提升为域控制器

步骤 1：在"服务器管理器"窗口中，单击通知区域的感叹号图标，在弹出的通知对话框中单击"将此服务器提升为域控制器"链接，如图 10-1-4 所示。

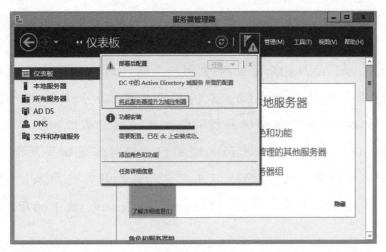

图 10-1-4   继续完成配置的提示信息

📢 **知识链接**

域控制器（Domain Controller，简称 DC），是安装了 Active Directory 域服务并存储了用户账户、计算机位置等目录数据的计算机，负责管理用户对网络资源的访问权限，包括管理登录域、账号的身份验证，以及访问目录和共享资源等。一个 Active Directory 域中至少有一台域控制器。

步骤 2：在"Active Directory 域服务配置向导"窗口的"部署配置"界面中，选中"添加新林"单选按钮，在"根域名"后的文本框中输入要使用的域名称，本任务输入"test.com"，然后单击"下一步"按钮，如图 10-1-5 所示。

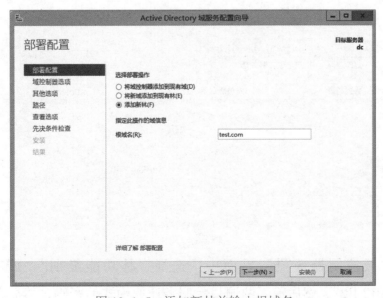

图 10-1-5   添加新林并输入根域名

知识链接

　　域（Domain），是 Active Directory 中用户、组、计算机等网络对象的逻辑分组，是一个逻辑安全边界，也是 Active Directory 的基本单位。一个 Active Directory 也可以由一个或多个域组成，每个域中的身份验证都由该域的域控制器来完成。一个域也可建立多级子域，这些子域和其对应的父域所形成的树形逻辑关系称为"域树"，在 Active Directory 域中使用 DNS 命名规范来定义和指向具体的对象，例如，一个域的名称为 test.com，成员服务器可标识为 server1.test.com，域中的用户账户可标识为 wh@test.com。

　　林（Forest），是指由一个或多个没有形成连续名字空间的域树组成的逻辑分组。同一个林中的所有域具有双向可传递信任关系，可以相互共享架构、站点和复制以及全局编录能力，一般用于企业合并等具有两个域的情境。

　　林根域，在 Active Directory 林中部署的第一个域称为林根域。如林中有 test.com 和 abc.com 两个域，而 test.com 是第一个建立的域，则称之为林根域，林名称就是 test.com，它可以引用 abc.com 中的对象。若企业网络中已有一个域，但这个企业中有部门需要独立的域，这样的网络环境则可使用多域的林结构。此外，企业合并后对于两个域的整合情境也适用林。林、域及其对象的逻辑关系如图 10-1-6 所示。

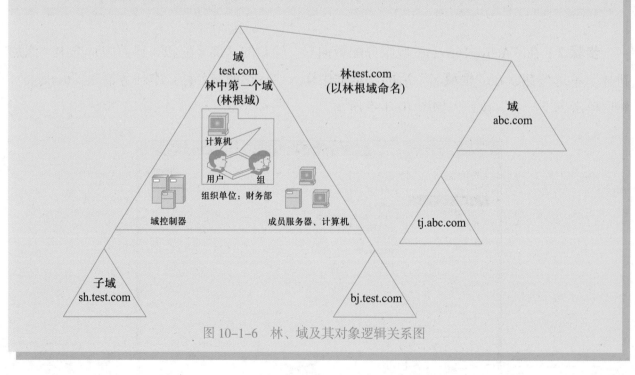

图 10-1-6　林、域及其对象逻辑关系图

　　步骤 3：在"域控制器选项"界面中，选择"林功能级别""域功能级别"均为"Windows Server 2012 R2"，然后输入两遍目录服务还原模式的密码，然后单击"下一步"按

钮，如图 10-1-7 所示。

 知识链接

　　域和林的功能级别，是指以何种方式在 Active Directory 域服务环境中启用全域性或全林的功能。功能级别越高，所支持的功能就越强，但会限制可加域计算机的最低操作系统版本。例如，域中含有 Windows Server 2008 R2 和 Windows Server 2012 R2 计算机，建议选择较低的 Windows Server 2008 R2 为功能级别，今后这个域中不再有比 Windows Server 2012 R2 更低版本的计算机时，再提升功能级别。如果域中系统均为 Windows Server 2012 R2 或更高版本的操作系统，则可直接选择 Windows Server 2012 R2 为功能级别。

　　目录服务还原模式（Directory Services Recovery Mode，简称 DSRM），是一种用于还原域控制器上的 SYSVOL 目录和 Active Directory 目录的服务，用于在必要情况下还原域控制器中与 Active Directory 域有关的信息。由于还原目录会对现有域信息产生影响，因此要设置强密码。

　　步骤 4：在"DNS 选项"界面中，单击"下一步"按钮，如图 10-1-8 所示。

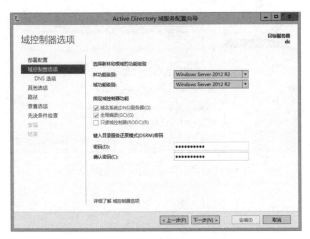

图 10-1-7　设置域控制器选项

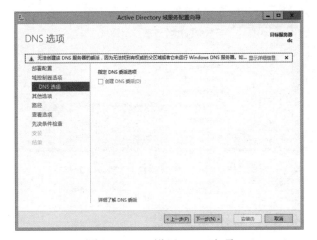

图 10-1-8　设置 DNS 选项

　　步骤 5：在"其他选项"界面中，使用默认的 NetBIOS 域名，单击"下一步"按钮，如图 10-1-9 所示。

　　步骤 6：在"路径"界面中，使用默认存储路径，然后单击"下一步"按钮，如图 10-1-10 所示。

图 10-1-9　设置 NetBIOS 域名

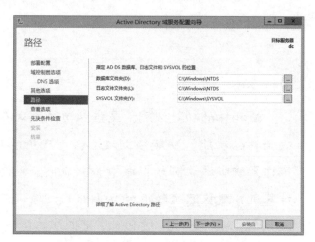

图 10-1-10　设置 AD DS 存储路径

步骤 7：在"查看选项"界面中，单击"下一步"按钮，如图 10-1-11 所示。

步骤 8：在"先决条件检查"界面中，在"查看结果"文本框末尾出现"所有先决条件检查都成功通过。请单击'安装'开始安装。"的提示信息后，单击"安装"按钮，如图 10-1-12 所示。安装完成后，重新启动计算机。

图 10-1-11　查看 AD DS 配置选项

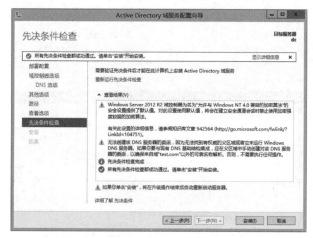

图 10-1-12　查看先决条件检查结果

10.1.4　登录域控制器

重启计算机后，按 Ctrl+Alt+Delete 组合键登录系统，可看到登录的用户为域管理员，登录的用户名格式为"TEST\Administrator"，如图 10-1-13 所示。

图 10-1-13　登录域控制器

操作提示

登录域控制器时，采用形如"域 NetBIOS 名\用户名"的用户格式，如"TEST\Administrator"，必须使用域管理员（Domain Admins 组内用户）登录域控制器，该组内的用户拥有对资源的最高管理权限。在登录域内的成员计算机时，还可采用"用户名 @ 域名"的方式，如"Administrator@test.com"。

10.1.5　查看域控制器

步骤 1：在"服务器管理器"窗口中，单击"工具"→"Active Directory 用户和计算机"命令，如图 10-1-14 所示。

步骤 2：在"Active Directory 用户和计算机"窗口中，展开"test.com"节点，单击"Domain Controllers"（域控制器）选项，可以看到服务器"DC"的角色已经成功提升为域控制器，如图 10-1-15 所示。

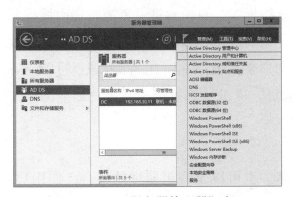

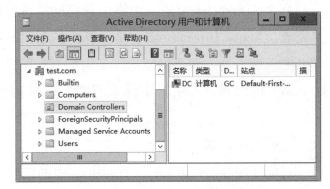

图 10-1-14　"服务器管理器"窗口　　　　图 10-1-15　查看域控制器

 相关知识

1. Active Directory 域有关的服务器角色（表 10-1-1）

表 10-1-1　Active Directory 域有关的服务器角色

角色	功能
域控制器 （Domain Controller）	安装 Active Directory 域服务的计算机，存储了用户账户、计算机位置等目录数据。负责管理用户访问网络的各种权限，包括管理登录域、账号的身份验证以及访问目录和共享资源等。 在一个 Active Directory 域中至少有一台域控制器活跃，在中大型网络应使多台域控制器活跃，以防单点故障

续表

角色	功能
成员服务器或计算机（Domain Member）	Active Directory 域的成员，并不存储 Active Directory 的目录数据，也不能处理与账号相关的验证请求。成员服务器受域控制器管理。 在一个 Active Directory 域中可以有多台成员服务器或计算机，这些服务器一般用于承载具体的网络服务，如 Web、邮件服务等
独立服务器（Standalone Server）	严格来讲，独立服务器是未加入域的服务器，即是工作组中的一台服务器，由本地系统自身负责登录验证等操作，与 Active Directory 域并无直接关系，也不受域控制器的管理，是服务器的默认角色。 独立服务器可加入 Active Directory 域变为成员服务器，或安装 Active Directory 域服务成为域控制器。反之，也可进行降级使其恢复为独立服务器

2. 工作组与 Active Directory 域

工作组是一个对等的结构，每台计算机都是独立的登录管理方式，身份验证、资源管理由本地计算机负责。工作组是局域网内的计算机逻辑分组，也是计算机的默认逻辑分组形式，Windows 计算机默认的工作组为 WorkGroup，用户可自由更改所在工作组，位于不同工作组的计算机不影响他们之间的连通性。

Active Directory 域是一个集中管理网络资源的组织形式，身份验证、资源管理由域控制器完成。Active Directory 域也是计算机的逻辑分组，只要成员计算机能够与域控制器通信就可以加入域，加入和退出域都需要由拥有权限的域用户来完成，Active Directory 域通过"Active Directory 用户和计算机"工具来管理域控制器和成员，成员计算机退出域则自动变回原工作组。

3. 对象和容器

对象（Object）是 Active Directory 中的信息实体，也可以是一组属性的集合，如用户、组、计算机、打印机等。

容器（Container）是包含其他对象的对象，容器是一个逻辑实体，一般作为存放对象的分类。在"Active Directory 用户和计算机"窗口中，Domain Controllers、Computers、Users 等都是容器，分别存储了域中的域控制器、成员计算机、全局组与用户。

4. 域控制器 FSMO 角色转移

在企业网络环境中，更新操作系统或应用软件是一种常态工作，由于域控制器存储了 Active Directory 域的关键信息，因此对其升级要更加谨慎。

在域控制器版本较低的 Active Directory 环境中，往往要将域控制器角色转移到系统版本较高的服务器中。例如，现有域控制器系统是 Windows Server 2012 R2，要将域控制器转移到一台操作系统为 Windows Server 2019 的服务器中，可参考以下关键操作。

第一，在旧版本系统的域控制器上升级林、域的架构。将 Windows Server 2019 系统的安装光盘放入 Windows Server 2012 R2 系统的服务器中，在命令提示符中运行"X:\support\adprep"目录（X: 为光盘驱动器号）内的"adprep"工具，输入"adprep /forestPrep"升级林架构，输入"adprep /domainPrep"命令升级域架构。

　　第二，将新版本系统的服务器提升为当前 Active Directory 域的辅助域控制器。在 Windows Server 2019 系统服务器上，将"首选 DNS 服务器"指向 Windows Server 2012 R2 域控制器，将"备用 DNS 服务器"指向自身，然后安装 Active Directory 域服务、DNS 服务，可参考本任务"任务实施"中的步骤将此服务器提升为辅助域控制器。

　　第三，将主域控制器的 5 种 FSMO（Flexible Single Master Operations，灵活单主机操作）角色转移新版本系统的域控制器上。FSMO 角色默认由主域控制器承担，角色包含：林级别的主机角色有两个，架构主机（Schema Master）用于存放 Active Directory 中对象（计算机、用户等）的逻辑关系数据库，域命名主机（Domain Naming Master）负责林中域信息的添加和删除；域级别的主机角色有 3 个，RID（RID Master）用来区分域中的用户 ID 标识，PDC 模拟器（PDC Emulator）负责处理 Active Directory 中的登录验证和策略推送，基础架构主机（Infrastructure Master）负责记录并告诉其他域某一用户名所在的域。若要进行 5 种 FSMO 角色的转移，可在命令提示符中运行"netdom query fsmo"查询承担这些角色的服务器，然后运行"ntdsutil.exe roles"命令直到出现"fsmo maintenance"提示，输入子命令"connect to server DC2"（DC2 为本例中 Windows Server 2019 服务器的计算机名）连接 Windows Server 2019 域控制器，再运行"Transfer infrastructure master""Transfer naming master""Transfer PDC""Transfer RID master""Transfer schema master"等命令完成主机角色转移。

　　此外，若旧版本系统的域控制器不再使用，可将其降级为成员服务器并退出域。

任务拓展

　　① 将操作系统为 Windows Server 2012 R2 计算机名为"DC1"的服务器提升为 Active Directory 域 example.com.cn 的域控制器。

　　② 尝试将操作系统为 Windows Server 2008 R2、计算机名为"DC2"的服务器提升为 Active Directory 域 example.com.cn 的辅助域控制器，如无法完成此操作请说明原因。

　　③ 尝试将操作系统为 Windows Server 2019、计算机名为"DC3"的服务器提升为 Active Directory 域 example.com.cn 的辅助域控制器，并总结出关键操作步骤。

任务 10.2　将计算机加入域

任务描述

泰斯特公司已经建立自己的 Active Directory 域 test.com，域控制器 IP 地址为 192.168.30.11，需要将计算机（Windows Server 2012 R2 服务器、Windows 10 计算机等）加入域 test.com 中。

任务实施

10.2.1　设置计算机的 IP 地址

以下步骤使用操作系统为 Windows Server 2012 R2，计算机名为 "server1"，IP 地址为 192.168.30.12 的计算机为例完成相关操作。

设置服务器为固定的 IP 地址，并将 "首选 DNS 服务器" 指向域 test.com 的域控制器（同时具有 DNS 服务器角色）的 IP 地址，如图 10-2-1 所示。

图 10-2-1　设置成员计算机的 IP 地址

经验分享

由于 Active Directory 域使用 DNS 服务来完成目录内资源的指向，后续有关计算机加入域的操作也需要寻找域控制器，因此成员计算机的 "首选 DNS 服务器" 地址要指向具有 DNS 服务的域控制器，否则会出现无法联系到域控制器等提示。

10.2.2　将计算机加入域

步骤 1：查看成员计算机的属性信息，单击计算机名 "server1" 链接，如图 10-2-2 所示。

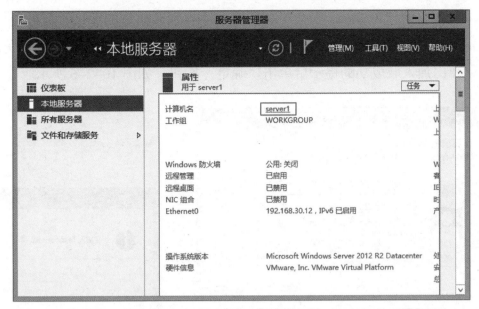

图 10-2-2　本地服务器属性

步骤 2：在"系统属性"对话框中单击"更改"按钮，如图 10-2-3 所示。

步骤 3：在"计算机名 / 域更改"对话框中的"隶属于"组中选中"域"单选按钮，并在其下的文本框中输入要加入域的名称"test.com"，然后单击"确定"按钮，如图 10-2-4 所示。

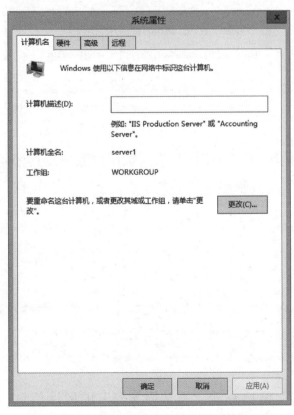

图 10-2-3　"系统属性"对话框　　　　　　图 10-2-4　更改隶属域

步骤 4：在弹出的"Windows 安全"对话框中输入加入该域的凭证，此处使用域管理员账户"administrator"及其密码，输入完毕后单击"确定"按钮，如图 10-2-5 所示。

步骤 5：弹出加入域成功的提示后单击"确定"按钮，如图 10-2-6 所示。

图 10-2-5　输入加入该域的凭证

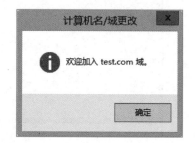

图 10-2-6　加入域成功

步骤 6：返回后可看到重新启动计算机的相关提示，单击"确定"按钮，如图 10-2-7 所示，返回"系统属性"对话框后单击"关闭"按钮。然后再在"Microsoft Windows"对话框中单击"立即重新启动"按钮，如图 10-2-8 所示。

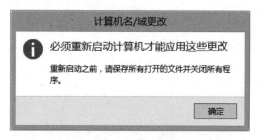

图 10-2-7　重新启动提示

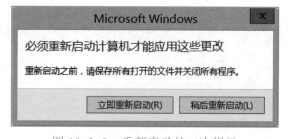

图 10-2-8　重新启动的二次提示

步骤 7：重新启动计算机后，单击"其他用户"按钮，并输入域用户账户及其密码，本任务使用域管理员用户"TEST\administrator"及其密码，然后单击右侧的"→"按钮，即可进入操作系统，如图 10-2-9 所示。

🐁 操作提示

　　进入域成员计算机登录界面后，默认以本地计算机方式登录。如登录域则必须按照域用户的登录格式，即"域 NetBIOS 名\用户名"或"用户名 @ 域名"的格式。

步骤 8：登录域后，在"服务器管理器"窗口查看"本地服务器"的属性信息，可看到"域"后的链接已变为所在的域"test.com"，如图 10-2-10 所示。

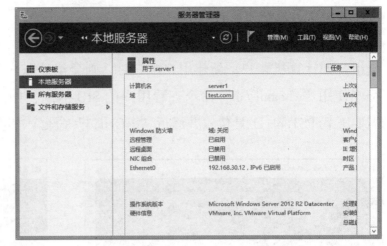

图 10-2-9　在成员计算机上登录域　　　　图 10-2-10　加入域后的计算机属性信息

10.2.3　在域控制器上查看成员计算机信息

操作提示

此步骤在域控制器"DC"上操作。

在"服务器管理器"窗口中，单击左侧"AD DS"选项，然后选择"工具"→"Active Directory 用户和计算机"命令打开其管理工具，依次展开域"test.com"→"Computers"节点，在右侧的列表框中可看到域成员信息，本任务中的"SERVER1"计算机已经成为域成员，如图 10-2-11 所示。

图 10-2-11　在域控制器上查看成员计算机信息

 相关知识

1. 客户机加入域的方法

以 Windows 10 系统为例，可右击桌面上"此电脑"图标，在弹出的快捷菜单中选择"属性"命令，在"系统"窗口的"计算机名、域和工作组设置"组中单击"更改设置"链接，在弹出的"系统属性"对话框的"计算机名"选项卡中单击"更改"按钮来修改所隶属的域。

2. SID 及重新生成

在 Windows 系统中，SID（Security Identifiers，安全标识符）用于唯一标识安全主体或安全组，如计算机账户。新建用户账户时，则会给该账户分配一个唯一的 SID，可在命令提示符中使用 "whoami /all" 命令查看用户的 SID 信息，如图 10-2-12 所示。查询计算机的 SID 需要下载 PSTools 工具包，并运行 "PsGetsid" 命令，如图 10-2-13 所示。

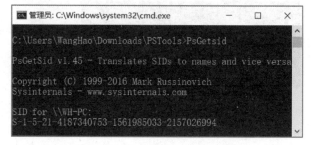

图 10-2-12　查看用户的 SID　　　　　　　图 10-2-13　查看计算机的 SID

使用克隆方式生成 Windows 系统虚拟机，会造成克隆的虚拟机 SID 与克隆源相同。将克隆的 Windows 虚拟机加入 Active Directory 域时，会出现 SID 相同的相关错误提示，如图 10-2-14 所示。

解决多个计算机 SID 相同问题，需要在待加入域的计算机中使用 Sysprep 工具重新生成 SID，方法如下：

步骤 1：运行 "C:\Windows\System32\Sysprep" 中的 Sysprep 工具，如图 10-2-15 所示。

图 10-2-14　两台计算机 SID 相同的提示　　　　图 10-2-15　打开 Sysprep 工具路径

步骤 2：在 "系统准备工具 3.14" 对话框中的 "系统清理操作" 下拉列表中选择 "进入系统全新体验（OOBE）" 选项，然后勾选 "通用" 复选框，并将 "关机选项" 设置为 "重新启动"，然后单击 "确定" 按钮，如图 10-2-16 所示。

步骤 3：弹出 "Sysprep 正在工作…" 对话框后等待进度完成，如图 10-2-17 所示。

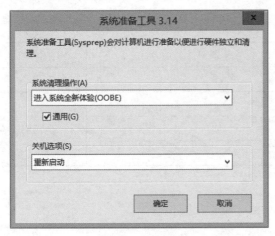

图 10-2-16 运行 Sysprep 工具　　　　图 10-2-17 等待 Sysprep 工具运行完成

步骤 4：重新启动系统后，会出现与安装操作系统时相似的设置界面，按提示完成相应操作即可，此处不再赘述。

任务拓展

① 分别将操作系统为 Windows 10、Windows Server 2016 的计算机加入 Active Directory 域 example.com.cn 中，并以域管理员身份登录。

② 将操作系统为 Windows Server 2016 的计算机退出域 example.com.cn。

任务 10.3　管理域用户、组和组织单位

任务描述

　　泰斯特公司已经完成 Active Directory 域的初步部署，负责任务实施的小林已将财务部的计算机 PC1 以及销售部的若干台计算机加入 test.com 域。财务部有员工 mky，销售部有员工 wh、lf 和 ryj，小林要为这些员工创建登录 test.com 域的用户账户并进行分组。

　　依据该公司需求，需在域控制器上添加域用户并按部门进行逻辑划分，考虑今后将要使用组策略对相应部门的计算机和用户进行管理，还需要添加对应的组织单位见表 10-3-1。

表 10-3-1　组织结构转换为域的逻辑关系

组织单位（部门名称）	组（部门名称全拼）	用户账户（用户名称简拼）	用户计算机
财务部	caiwu	mky	PC1
销售部	xiaoshou	wh	XSPC 等
		lf	
		ryj	

知识链接

　　组织单位（Organization Unit，OU），是一个用来反映企业部门等组织结构的容器，它可包括用户、组和计算机，一般以企业的部门名称或任务组来命名。

经验分享

　　在 Active Directory 域中，往往需要对某个部门的用户、组、计算机等进行组策略设置，这时就需要借助组织单位来实现，需将这些用户、组、计算机移动到这个部门所在的组织单位中，再用组织单位链接组策略，这也是建议系统管理员采用的一种方式。

任务实施

　　本任务在域控制器"DC"上完成相关操作，采用由大到小的方式原则分别新建组织单位、组、用户，最后将用户、组、计算机划分到相应的组织单位中。

10.3.1　新建组织单位

　　步骤 1：在域控制器"DC"中，打开"Active Directory 用户和计算机"窗口，右击"test.com"域，在弹出的快捷菜单中依次选择"新建"→"组织单位"命令，如图 10-3-1所示。

　　步骤 2：在"新建对象 – 组织单位"对话框的文本框中输入组织单位名称"财务部"，然后单击"确定"按钮，如图 10-3-2 所示。

图 10-3-1　新建组织单位

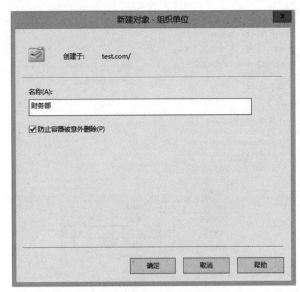

图 10-3-2　输入组织单位名称

安全提示

　　为防止组织单位被意外删除造成损失，使用 Windows Server 2012 R2 系统的域控制器新建组织单位时，"防止容器被意外删除"复选框已被默认勾选，后续删除组织单位时会提示没有权限或对象受保护等信息，不允许用户执行删除操作。

　　如确需删除某个组织单位，要确保登录域控制器的用户隶属于"Domain Admins"组，然后在"Active Directory 用户和计算机"窗口中单击"查看"菜单，选择"高级功能"命令，右击要删除的组织单位，在弹出的快捷菜单中选择"属性"命令，在"属性"对话框的"对象"选项卡中取消勾选"防止对象被意外删除"复选框，最后再执行删除操作。

10.3.2　在组织单位中新建组

　　步骤 1：右击组织单位"财务部"选项，在弹出的快捷菜单中依次选择"新建"→"组"命令，如图 10-3-3 所示。

　　步骤 2：在"新建对象 - 组"对话框中输入组名，如本任务中的"caiwu"，然后单击"确定"按钮，如图 10-3-4 所示。

图 10-3-3　新建组 　　　　　　　　　　　图 10-3-4　输入组名

10.3.3　在组织单位中新建用户

步骤 1：右击组织单位"财务部"，在弹出的快捷菜单中依次选择"新建"→"用户"命令，如图 10-3-5 所示。

步骤 2：在"新建对象 – 用户"对话框中，输入姓名和用户登录名，如本任务中的"mky"，然后单击"下一步"按钮，如图 10-3-6 所示。

图 10-3-5　新建用户 　　　　　　　　　　图 10-3-6　输入用户信息

步骤 3：在"新建对象 – 用户"对话框中，输入两次用户的登录密码。为了便于管理，取消勾选"用户下次登录时须更改密码"复选框，勾选"用户不能更改密码""密码永不过期"复选框，然后单击"下一步"按钮，如图 10-3-7 所示。

操作提示

　　用户登录域时需输入完整的域用户名，在 Windows 2000 之前的版本中使用 TEST\mky 的格式登录，但这种方式无法确定用户登录的是 test.com 还是 test.com. cn，为了准确登录具体的域，在 Windows 2000 后续版本建议使用形如 "mky@test. com" 的格式登录。

 安全提示

　　如希望用户自行设置密码，此处可勾选 "用户下次登录时须更改密码" 复选框，当用户登录域时自行修改。

　　步骤 4：查看用户账户信息无误后单击 "完成" 按钮，如图 10-3-8 所示。

图 10-3-7　输入用户密码　　　　　　　图 10-3-8　用户新建完成

10.3.4　将用户添加到组

　　步骤 1：右击要添加到组的用户 "mky"，在弹出的快捷菜单中选择 "添加到组" 命令，如图 10-3-9 所示。

　　步骤 2：在 "选择组" 对话框中，输入组名 "caiwu"，或依次单击 "高级" → "立即查找" 按钮后在组列表框中选择 "caiwu"，然后单击 "确定" 按钮，如图 10-3-10 所示。弹出完成提示后再次单击 "确定" 按钮，如图 10-3-11 所示。

图 10-3-9 将用户添加到组

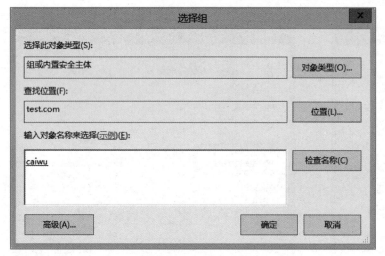

图 10-3-10 选择组

图 10-3-11 完成"添加到组"操作

📖 经验分享

　　在 Windows Server 系统的更改组等操作中，若无法显示已有组或用户等信息，则要单击图 10-3-10 所示的"对象类型"按钮，选择要显示的对象。

10.3.5 将成员计算机（对象）移动到组织单位

　　步骤 1：在"Active Directory 用户和计算机"窗口中，双击容器"Computers"，右击成员列表中要移动位置的计算机,如本任务要移动"PC1",在弹出的快捷菜单中选择"移动"命令,如图 10-3-12 所示。

图 10-3-12 将成员计算机移动到组织单位

步骤 2:在弹出的"移动"对话框中选择要移动到的组织单位,本任务选择"财务部",然后单击"确定"按钮,如图 10-3-13 所示。

步骤 3:返回"Active Directory 用户和计算机"窗口后,双击组织单位"财务部",可看到其所包含的对象,如图 10-3-14 所示。

参照上述步骤完成表 10-3-1 中销售部对象的创建与管理,此处不再赘述。

图 10-3-13 选择移动到的目的组织单位　　　　　图 10-3-14 查看组织单位内的对象

 相关知识

1. 组作用域

Active Directory 域中的组均有默认的作用域,用来确定林、域中该组的应用范围。组作

用域有 3 种：即全局、本地域和通用，他们的作用范围不同。"全局"组中的用户除了可以登录自身所在的域，还可以登录其所信任的其他域。"本地域"组中的用户只能登录其所在域，其子域和其他域均不能登录。"通用"组则集"全局"和"本地域"组的优点于一身，可包含林中的任何账户。

2. 组类型

在 Active Directory 域中组分为两大类：安全组和通讯组。安全组用于给共享资源指派权限。通讯组则专门用于收发电子邮件，是为微软的邮件服务产品 Microsoft Exchange Server 而设置的组类型。

任务拓展

上网查找域用户状态迁移工具（User State Migration Tool，简称 USMT）的相关介绍，体验使用工具包内的"scanstate"命令备份域用户信息，体验使用"loadstate"命令导入域用户信息。

任务 10.4　使用组策略管理域用户和计算机

任务描述

泰斯特公司负责部署 Active Directory 域的小林已经按公司实际情况创建了组织单位、组、用户，并将计算机划分到相应的组织单位中。小林在使用过程中遇到一些新的问题，财务部作为公司重要的部门却存在员工随意使用可移动存储设备的现象，销售部存在员工更改注册表信息造成系统故障等现象，公司要求小林解决这些问题。在本任务中，可分别在两个部门的组织单位上建立并定义组策略，禁止员工使用可移动存储设备以及访问注册表编辑器等操作。

任务实施

10.4.1　创建 GPO 并在组织单位上链接

步骤 1：在"服务器管理器"窗口中，依次单击"工具"→"组策略管理"命令，或在"运行"对话框中执行"gpmc.msc"命令打开"组策略管理"窗口，依次展开"组策略管理"→"林：test.com"→"域"→"test.com"节点，右击组织单位"财务部"选项，在弹出的快捷菜单中选择"在这个域中创建 GPO 并在此处链接"命令，如图 10-4-1 所示。

知识链接

GPO（Group Policy Object，组策略对象）是一个策略的设置集合，是 Active Directory 中的重要安全管理措施，可管理用户、计算机等对象。一般情况下，要为不同组织单位设置不同的 GPO，一个组织单位等容器可以链接多个 GPO，一个 GPO 也可以被不同的容器链接。

步骤 2：在"新建 GPO"对话框中输入 GPO 的名称为"财务部策略"，然后单击"确定"按钮，如图 10-4-2 所示。

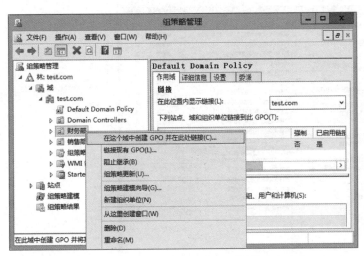

图 10-4-1　创建财务部对应的 GPO

图 10-4-2　输入 GPO 名称

10.4.2　编辑计算机策略实现禁用可移动存储设备

步骤 1：右击 GPO "财务部策略"选项，在弹出的快捷菜单中选择"编辑"命令，如图 10-4-3 所示。

步骤 2：在"组策略管理编辑器"窗口中，依次展开"计算机配置"→"策略"→"管理模板"→"系统"节点，双击"可移动存储访问"选项，然后在右侧列表中右击"所有可移动存储类：拒绝所有权限"策略项，在弹出的快捷菜单中选择"编辑"命令，如图 10-4-4 所示。

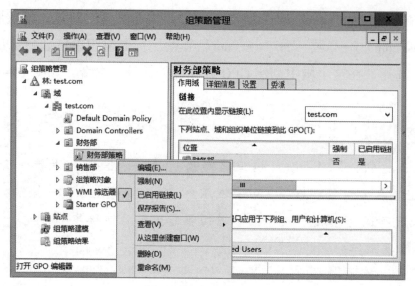

图 10-4-3　编辑 GPO

图 10-4-4　编辑策略项

📢 **知识链接**

"计算机配置"对当前容器（林、域、组织单位）内的所有计算机起作用，一般用于对计算机设备或软件进行策略管理。"用户配置"只对当前容器内的用户、组起作用，用户无论登录 Active Directory 域中的哪台计算机，都受此策略管理，一般用于对用户行为进行策略管理。

步骤 3：在"所有可移动存储类：拒绝所有权限"窗口中，选中"已启用"单选按钮，然后单击"确定"按钮启用该策略项，如图 10-4-5 所示。

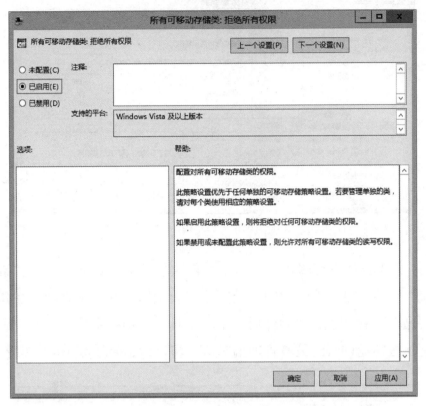

图 10-4-5　修改策略设置

📖 经验分享

　　如果直接在财务部的计算机 BIOS 中禁用 USB 接口，则会影响使用 USB 接口的键盘、鼠标等设备。针对财务部计算机不允许使用 U 盘、移动硬盘等要求，可使用禁用可移动存储设备的相关组策略来实现。

步骤 4：返回"组策略管理编辑器"窗口后可看到"所有可移动存储类：拒绝所有权限"策略项的状态已变为"已启用"。

10.4.3　编辑用户策略禁止用户访问注册表编辑器

步骤 1：在"组策略管理"窗口中，创建"销售部"的 GPO"销售部策略"。

步骤 2：右击"销售部策略"选项，在弹出的快捷菜单中选择"编辑"命令，如图 10-4-6 所示。

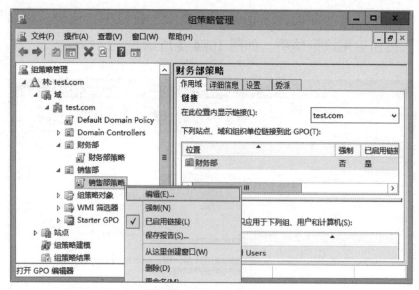

图 10-4-6　编辑 GPO

步骤 3：在"组策略管理编辑器"窗口中，依次展开"用户配置"→"策略"→"管理模板"→"系统"节点，然后右击"阻止访问注册表编辑工具"策略项，在弹出的快捷菜单中选择"编辑"命令，在"阻止访问注册表编辑工具"对话框中将其状态设置为"已启用"，然后单击"确定"按钮返回"组策略管理编辑器"窗口，结果如图 10-4-7 所示。

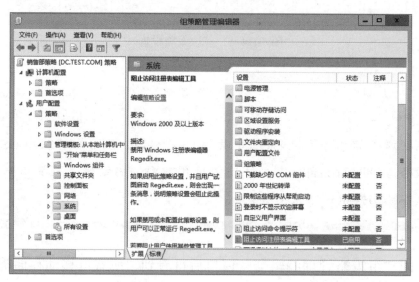

图 10-4-7　启用"阻止访问注册表编辑工具"策略

10.4.4　立即更新组策略

在命令提示符中输入并执行"gpupdate /force"命令进行组策略更新，如图 10-4-8 所示。

图 10-4-8　更新组策略

10.4.5　在成员计算机上验证组策略效果

（1）在财务部计算机上验证禁用可移动存储设备策略。

步骤 1：使用域用户 mky@test.com 登录财务部安装有 Windows 10 系统的计算机 PC1，使用"gpupdate /force"命令立即更新组策略。

步骤 2：插入 U 盘等可移动存储设备。

步骤 3：打开"此电脑"窗口访问"可移动磁盘"，则会弹出"位置不可用"的提示信息，如图 10-4-9 所示。

（2）使用销售部员工账户登录，验证禁止访问注册表编辑器策略。

步骤 1：使用域用户 wh@test.com 登录销售部安装有 Windows 10 系统的计算机 XSPC，使用"gpupdate /force"命令立即更新组策略。

步骤 2：运行"regedit"命令打开注册表编辑器，系统会弹出"注册表编辑已被管理员禁用。"的提示信息，如图 10-4-10 所示。

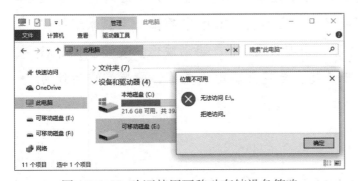

图 10-4-9　验证禁用可移动存储设备策略

图 10-4-10　验证禁止访问注册表编辑器策略

相关知识

1. 组策略继承

组策略继承，是指子容器将从父容器中继承策略设置。例如，若本任务中组织单位"财务部"没有单独设置策略，则它包含的用户或计算机会继承全域的安全策略，即会执行 Default Domain Policy 的设置。

2. 组策略执行顺序

组策略执行顺序，是指多个组策略叠加一起时的执行顺序。子容器有自己单独的 GPO 时，策略执行累加。例如，"财务部"策略为"已启动"，继承来的组策略是"未定义"，则最终是"已启动"。当策略发生冲突时以子容器策略为准。例如，在组织单位中设置了某一策略为"已启动"，继承来的组策略是"已禁用"，则最终是"已启动"。执行的先后顺序为组织单位、域控制器、域、站点、（域内计算机的）本地安全策略。

配置与管理 WDS 服务器

Windows 部署服务（Windows Deployment Services，WDS）是 Windows Server 2012 R2 等系统提供的用于通过网络安装操作系统的组件。客户端在使用 WDS 安装操作系统时，要从网络适配器启动，然后通过 DHCP 服务器获得 IP 地址，紧接着通过广播或 DHCP 查找 WDS 服务器并下载启动映像完成启动，之后再从 WDS 服务器上下载系统的安装映像开始安装操作系统。配置 WDS 服务器，需要设置 PXE、启动映像、安装映像等参数，甚至通过进一步配置可实现无人值守安装、自定义桌面设置等，配置完成后便可在客户端上使用网络安装操作系统。

项目描述

泰斯特公司已经在内部网络中部署 Active Directory 域，并且使用 DHCP 服务器来为客户端分配 IP 地址。支撑服务部的员工小林正在为开发部的近百台计算机安装 Windows Server 2012 R2 操作系统，小林决定使用 Windows 部署服务完成这一工作。小林需要在现有 Active Directory 域内的一台 Windows Server 2012 R2 服务器上安装并配置 Windows 部署服务，添加启动映像和安装映像，再在客户端上进行测试和批量部署，项目拓扑结构图如图 11-0-1 所示。

能力素质

- 了解 Windows 部署服务（WDS）的应用场景；
- 了解 Windows 部署服务的工作原理；
- 了解 PXE、启动映像、安装映像、BOOTP 等基本概念；
- 能够修改 DHCP 服务器设置使其能够为 WDS 客户端分配 IP 地址；
- 能够安装、配置 WDS 服务器为用户批量安装操作系统提供支持；

图 11-0-1　项目拓扑结构图

- 增强服务意识，能够指导用户通过网络安装操作系统；
- 增强效率意识，能够在重复的网络管理工作中采用高效方案。

任务 11.1　配置与管理 WDS 服务器

任务描述

　　泰斯特公司准备在 Active Directory 域中使用 Windows 部署服务批量安装操作系统，需要安装与配置一台 WDS 服务器。

任务实施

　　本任务使用计算机名为"server1.test.com"，IP 地址为 192.168.30.12 的计算机完成相关操作。

11.1.1　在 DHCP 服务器上添加对 BOOTP 的支持

　　步骤 1：在域成员"server1.test.com"服务器上安装 DHCP 服务，并建立能为 192.168.30.0/24 网段分配 IP 地址的作用域，地址范围为 192.168.30.100 至 192.168.30.200，默认网关为

192.168.30.1，首选 DNS 服务器地址为 192.168.30.11，具体步骤可参照项目 6，此处不再赘述。

步骤 2：右击 192.168.30.0/24 网段的作用域"test 内网"，在弹出的快捷菜单中选择"属性"命令，在"作用域 [192.168.30.0] test 内网 属性"对话框的"高级"选项卡中，选中"两者"单选按钮，使服务器同时支持 DHCP 和 BOOTP，然后单击"确定"按钮，如图 11-1-1 所示。

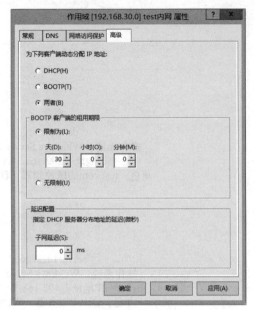

图 11-1-1　设置 DHCP 服务器支持 BOOTP

📝 **知识链接**

BOOTP（Bootstrap Protocol，引导程序协议），用于支持客户端通过网络安装或启动操作系统。DHCP 是从 BOOTP 的基础上发展而来的协议，二者使用的端口相同，用处则略有不同。

📖 **经验分享**

在多个子网的局域网中使用 WDS，必须修改 DHCP 服务器上两个关键作用域选项，将"066 启动服务器主机名"的字符串值设置为 WDS 的 IP 地址，"067 启动文件名"的字符串值设置为 boot\x64\wdsnbp.com。

11.1.2　安装 Windows 部署服务

步骤 1：在"服务器管理器"窗口中，依次选择"仪表板"→"快速启动"→"添加角色和功能"命令。

步骤 2：打开"添加角色和功能向导"窗口后，在"开始之前"界面单击"下一步"按钮。

步骤 3：在"选择安装类型"界面中，选中"基于角色或基于功能的安装"单选按钮，然后单击"下一步"按钮。

步骤 4：在"选择目标服务器"界面中，选中"从服务器池中选择服务器"单选按钮，然后选择本任务所使用的服务器"server1.test.com"，单击"下一步"按钮。

步骤 5：在"选择服务器角色"界面中，勾选"Windows 部署服务"复选框，在弹出的"添加 Windows 部署服务所需的功能？"对话框中单击"添加功能"按钮，返回后单击"下一步"按钮，如图 11-1-2 所示。

步骤 6：在"选择功能"界面中，单击"下一步"按钮。

步骤 7：在"WDS"界面中，单击"下一步"按钮。

步骤 8：在"选择角色服务"界面分别勾选"部署服务器""传输服务器"复选框，然后单击"下一步"按钮，如图 11-1-3 所示。

图 11-1-2　选择服务器角色

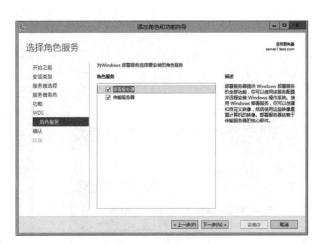
图 11-1-3　选择角色服务

步骤 9：在"确认安装所选内容"界面中，单击"安装"按钮。

步骤 10：等待安装完毕后在"安装进度"界面中，单击"关闭"按钮，如图 11-1-4 所示。

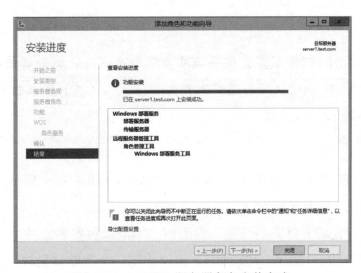
图 11-1-4　WDS 服务器角色安装完成

11.1.3　完成 WDS 服务器的基本设置

步骤 1：在"服务器管理器"窗口中，单击"工具"菜单，然后选择"Windows 部署服务"命令。

步骤 2：在"Windows 部署服务"窗口中，展开左侧"Windows 部署服务"→"服务器"节点，右击"server1.test.com"选项，在弹出的快捷菜单中选择"配置服务器"命令，如图 11-1-5 所示。

步骤 3：在"Windows 部署服务配置向导"对话框的"开始之前"界面检查现有配置是否符合 WDS 要求，准备就绪后单击"下一步"按钮，如图 11-1-6 所示。

图 11-1-5　"Windows 部署服务"窗口

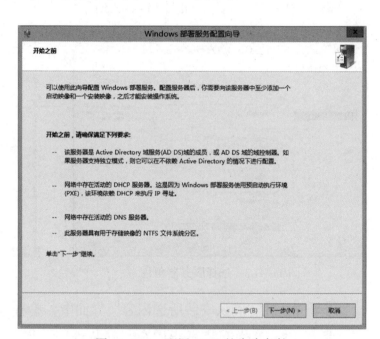

图 11-1-6　配置 WDS 的先决条件

操作提示

　　若要使用 Windows 部署服务，需要满足 4 个先决条件：服务器是域控制器或域成员计算机；网络中具有 DHCP 服务器且支持 BOOTP；网络中具有 DNS 服务器；具有用于存储映像文件的 NTFS 分区。

步骤 4：在"安装选项"界面中，选中"与 Active Directory 集成"单选按钮，单击"下一步"按钮，如图 11-1-7 所示。

步骤 5：在"远程安装文件夹的位置"界面中，指定远程安装文件夹的路径，此路径将要存放启动映像、安装映像、PXE 启动文件等，建议使用一个存储容量较大且为 NTFS 分区中的路径，在本任务中，使用"D:\RemoteInstall"，然后单击"下一步"按钮，如图 11-1-8 所示。

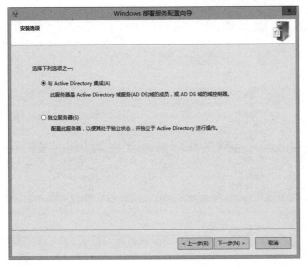

图 11-1-7　安装选项

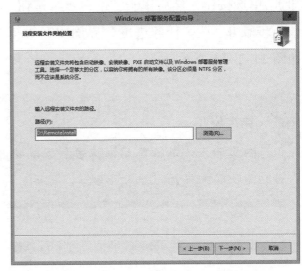

图 11-1-8　设置远程安装文件夹的位置

📢 **知识链接**

PXE（Pre-boot Execution Environment，预启动执行环境）为使用网络安装操作系统的计算机提供引导启动。PXE 采用 C/S 架构，客户端在进行网络适配器引导时，BIOS 会调出 PXE 的客户端程序，并显示后续可执行命令，来完成后续的启动映像加载。

步骤 6：在"代理 DHCP 服务器"界面中，分别勾选"不侦听 DHCP 和 DHCPv6 端口""配置代理 DHCP 的 DHCP 选项"复选框，单击"下一步"按钮，如图 11-1-9 所示。

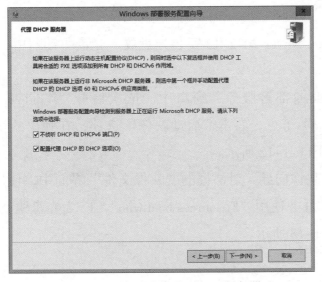

图 11-1-9　设置代理 DHCP 服务器

步骤 7：在"PXE 服务器初始设置"界面中，选中"响应所有客户端计算机（已知和未知）"单选按钮，然后单击"下一步"按钮，如图 11-1-10 所示。

步骤 8：在"任务进度"界面中，等待 Windows 服务器配置完成后单击"完成"按钮，如图 11-1-11 所示。

操作提示

由于尚未添加任何启动映像和安装映像，因此 WDS 服务此时将处于停用状态，待添加完映像文件后可手动启动。

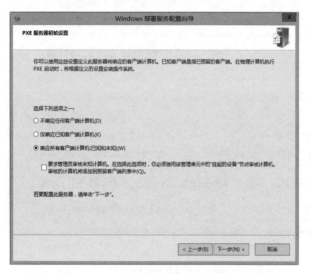

图 11-1-10　PXE 服务器初始设置

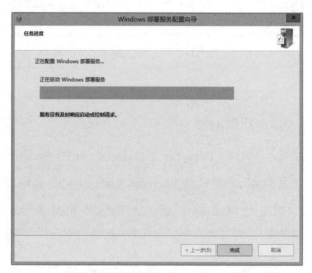

图 11-1-11　完成 Windows 部署服务配置

11.1.4　添加启动映像

步骤 1：将 Windows Server 2012 R2 安装光盘放入光盘驱动器中，或加载其".iso"格式的映像文件。

步骤 2：在"Windows 部署服务"窗口中，依次展开"Windows 部署服务"→"服务器"→"server1.test.com"节点，右击"启动映像"选项，在弹出的快捷菜单中选择"添加启动映像"命令，如图 11-1-12 所示。

步骤 3：在"添加映像向导"对话框的"映像文件"界面中，使用"浏览"方式或直接输入映像文件位置，本任务使用"E:\sources\boot.wim"（E: 为光盘驱动器号），然后单击"下一步"按钮，如图 11-1-13 所示。

图 11-1-12　添加启动映像

图 11-1-13　设置启动映像文件位置

步骤 4：在"映像元数据"界面中单击"下一步"按钮，如图 11-1-14 所示。

步骤 5：在"摘要"界面中，单击"下一步"按钮，如图 11-1-15 所示。

图 11-1-14　设置映像元数据

图 11-1-15　查看映像摘要信息

步骤 6：等待操作完成后，在"任务进度"界面中单击"完成"按钮，如图 11-1-16 所示。

步骤 7：返回"Windows 部署服务"窗口后可在列表中查看启动映像信息，如图 11-1-17 所示。

图 11-1-16　启动映像添加完成

图 11-1-17　查看启动映像

11.1.5　添加安装映像

步骤 1：在"Windows 部署服务"窗口中，展开"Windows 部署服务"→"服务器"→"server1.test.com"节点，右击"安装映像"选项，在弹出的快捷菜单中选择"添加安装映像"命令，如图 11-1-18 所示。

步骤 2：在"添加映像向导"对话框的"映像组"界面中，选中"创建已命名的映像组"单选按钮，并在其后的文本框中使用默认的映像组名"ImageGroup1"，单击"下一步"按钮，如图 11-1-19 所示。

图 11-1-18　添加安装映像

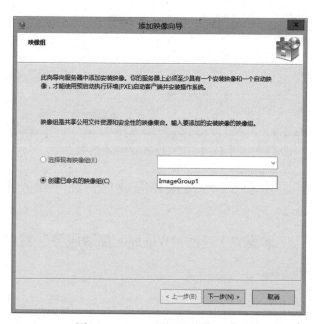

图 11-1-19　设置映像组名称

经验分享

若需要添加多个安装映像，可按操作系统类型建立不同的映像组以便于区分和使用。

步骤 3：在"映像文件"界面中，使用"浏览"方式或直接输入映像文件位置，本任务使用"E:\sources\install.wim"（E: 为光盘驱动器号），然后单击"下一步"按钮，如图 11-1-20 所示。

步骤 4：在"可用映像"界面中，按需勾选 Windows Server 2012 R2 版本前的复选框，然后单击"下一步"按钮，如图 11-1-21 所示。

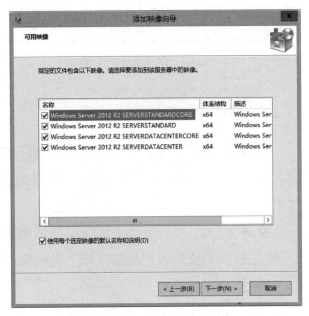

图 11-1-20　设置安装映像文件位置　　　　　图 11-1-21　选择可用映像

步骤 5：在"摘要"界面中，单击"下一步"按钮，如图 11-1-22 所示。

步骤 6：等待操作完成后，在"任务进度"界面中，单击"完成"按钮。

步骤 7：返回"Windows 部署服务"窗口后，双击映像组"ImageGroup1"选项，在右侧列表中查看安装映像信息，如图 11-1-23 所示。

图 11-1-22　查看映像摘要信息

图 11-1-23　查看安装映像

11.1.6　修改 WDS 服务器属性

步骤 1：在"Windows 部署服务"窗口中，展开"Windows 部署服务"→"服务器"节点，右击"server1.test.com"选项，在弹出的快捷菜单中选择"属性"命令，如图 11-1-24 所示。

步骤 2：在"SERVER1 属性"对话框的"客户端"选项卡中，在"加入域"组中勾选"安装之后，不要将客户端加入域"复选框，然后单击"确定"按钮，如图 11-1-25 所示。

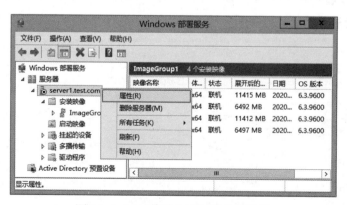

图 11-1-24　修改 WDS 服务器属性

图 11-1-25　客户端不加入域

经验分享

在使用 WDS 部署操作系统时，建议完成客户端的计算机名等基本设置后再按需加入域，以防造成域内计算机名混乱。

11.1.7　启动 WDS 服务

步骤 1：在"Windows 部署服务"窗口中，展开"Windows 部署服务"→"服务器"节点，右击"server1.test.com"选项，在弹出的快捷菜单中依次选择"所有任务"→"启动"命令，如图 11-1-26 所示。

步骤 2：等待服务启动完成后，在"服务器"对话框中单击"确定"按钮，如图 11-1-27 所示。至此，WDS 服务器配置完成。

图 11-1-26　启动 WDS 服务　　　　　　图 11-1-27　WDS 启动成功提示

相关知识

1. 启动映像

Windows 系统的启动映像一般位于 X:\sources 下（X: 为光盘驱动器号），文件名为 boot.wim，负责在 PXE 加载后启动 Windows 的安装程序。X86 架构的 Windows 7、Windows 8、Windows 10、Windows Server 2012 R2、Windows Server 2016 等系统可以使用同一个启动映像，无须重复添加。

2. 安装映像

Windows 系统的安装映像也位于 X:\sources 下，文件名为 install.wim，在启动映像加载完成后根据客户端上做出的选择来发送对应版本系统的安装文件。同一操作系统的不同发行版本的映像文件也不同，例如，如果管理员在部署 WDS 时提供 Windows Server 2012 R2 的数据中心版、标准版供用户选择，则需要在添加安装映像时选择这两个版本的映像文件。

任务拓展

上网查找并了解 WDS 无人参与安装的实现方法，尝试制作应答文件实现 Windows 10 系统无人参与安装。

任务 11.2　使用 WDS 进行操作系统的网络安装

任务描述

泰斯特公司负责公司网络维护的小林已经配置完成了 WDS 服务器，现在需要在客户端上通过网络安装 Windows Server 2012 R2，对 WDS 的可用性进行测试。设置客户端从网络适配器启动，首先要在 BIOS（或 UEFI）中设置启动优先级，将网络适配器设置为第一启动项，或在 BIOS 启动菜单中选择网络适配器，待客户端进入 PXE 环境后，按提示安装操作系统。

任务实施

11.2.1　设置客户端以网络适配器启动

在客户端 UEFI 或 BIOS 中设置启动项，或开机出现启动项提示后按 F12 等键以网络适配器启动。在本任务中，以 BIOS 为例，如图 11-2-1 所示。

操作提示

若使用 VMware Workstation 虚拟机作为 WDS 客户机进行测试，需在开启虚拟机后迅速将光标置于虚拟机内，再按 Esc 键进入启动器界面后选择从网络适配器启动，启动器分为两种界面，在 UEFI 的 "Boot Manager" 中选择 "EFI Network" 选项，或在 BIOS 的 "Boot Menu" 中选择 "Network boot from …" 选项。

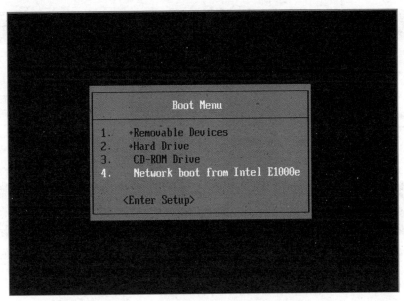

图 11-2-1　在启动项中选择以网络适配器启动

11.2.2　使用 WDS 安装操作系统

步骤 1：使用网络适配器启动后，可看到客户端获得的 IP 地址为 192.168.30.102，以及 WDS 服务器的 IP 地址为 192.168.30.12，此时按 Enter 键确认从网络适配器启动，如图 11-2-2 所示。

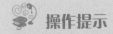 **操作提示**

在本任务中，客户端固件为 UEFI，若为 BIOS 需要按 F12 键。

步骤 2：出现"Loading files …"提示后，等待直到客户端从 WDS 服务器加载启动映像完成，如图 11-2-3 所示。

图 11-2-2　确认从网络适配器启动

图 11-2-3　客户端加载启动映像

步骤 3：在"Windows 部署服务"界面中，单击"下一步"按钮，如图 11-2-4 所示。

步骤 4：在连接到 WDS 服务器身份验证对话框中输入域管理员的用户名和密码，然后单击"确定"按钮，如图 11-2-5 所示。

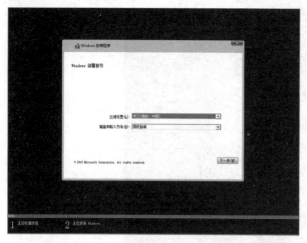
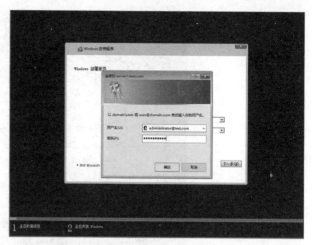

图 11-2-4　客户机安装程序加载 Windows 部署服务　　　图 11-2-5　输入具有安装权限的用户名及密码

步骤 5：在"选择要安装的操作系统"界面中选择要安装的系统版本，然后单击"下一步"按钮，如图 11-2-6 所示。剩余步骤与光盘安装步骤相同，请读者自行尝试，此处不再赘述。

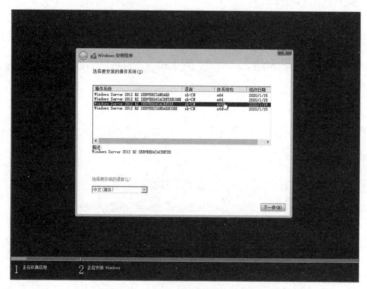

图 11-2-6　选择要安装的操作系统版本

相关知识

BIOS 与 UEFI

BIOS（Basic Input /Output System，基本输入输出系统），也称 Legacy BIOS，是主板中提供的用于对硬件进行直接控制的程序。UEFI（Unified Extensible Firmware Interface，统一可扩展固件接口），也称为 UEFI BIOS，是一种管理全新类型硬件的标准固件接口，旨在代替传统的 BIOS，提高固件互操作性。二者的界面略有不同，但基本功能相同。

　　在安装与使用 Windows 系统时，选择不同的固件进行引导，就要使用相对应的分区表。一般情况下，使用 BIOS 固件启动需要使用 MBR（Master Boot Record，主引导记录）分区表，而使用 UEFI 固件启动需要使用 GPT（Globally Unique Identifier Partition Table，GUID 分区表）。若要将分区表格式从 MBR 转换为 GPT，可以下载使用分区表转换工具 MBR2GPT。不建议个人用户转换分区表格式，以防数据丢失。

任务拓展

　　上网查找 Tiny PXE Server 等第三方操作系统部署工具的相关资料，了解其特点和配置步骤。

参 考 文 献

[1] 马开颜，王浩 . 网络操作系统 [M]. 北京：高等教育出版社，2015.

[2] 韩立凡，王浩 . 服务器配置 [M]. 北京：机械工业出版社，2015.

[3] 王浩，赵倩 . 服务器配置与管理（Windows Server+Linux）[M]. 北京：电子工业出版社，2014.

[4] 戴有炜 . Windows Server 2012 R2 网络管理与架站 [M]. 北京：清华大学出版社，2016.

[5] 戴有炜 . Windows Server 2012 R2 系统配置指南 [M]. 北京：清华大学出版社，2016.

[6] 戴有炜 . Windows Server 2012 R2 Active Directory 配置指南 [M]. 北京：清华大学出版社，2014.

[7] 严体华，高悦，高振江 . 网络管理员教程 [M]. 5 版 . 北京：清华大学出版社，2018.

[8] 华驰，宋超 . Windows 服务器配置与安全管理 [M]. 北京：机械工业出版社，2020.

郑重声明

高等教育出版社依法对本书享有专有出版权。任何未经许可的复制、销售行为均违反《中华人民共和国著作权法》，其行为人将承担相应的民事责任和行政责任；构成犯罪的，将被依法追究刑事责任。为了维护市场秩序，保护读者的合法权益，避免读者误用盗版书造成不良后果，我社将配合行政执法部门和司法机关对违法犯罪的单位和个人进行严厉打击。社会各界人士如发现上述侵权行为，希望及时举报，我社将奖励举报有功人员。

反盗版举报电话　（010）58581999　58582371

反盗版举报邮箱　dd@hep.com.cn

通信地址　北京市西城区德外大街4号　高等教育出版社法律事务部

邮政编码　100120

读者意见反馈

为收集对教材的意见建议，进一步完善教材编写并做好服务工作，读者可将对本教材的意见建议通过如下渠道反馈至我社。

咨询电话　400-810-0598

反馈邮箱　zz_dzyj@pub.hep.cn

通信地址　北京市朝阳区惠新东街4号富盛大厦1座
　　　　　高等教育出版社总编辑办公室

邮政编码　100029

防伪查询说明

用户购书后刮开封底防伪涂层，使用手机微信等软件扫描二维码，会跳转至防伪查询网页，获得所购图书详细信息。

防伪客服电话

（010）58582300

学习卡账号使用说明

一、注册/登录

访问http://abook.hep.com.cn/sve，点击"注册"，在注册页面输入用户名、密码及常用的邮箱进行注册。已注册的用户直接输入用户名和密码登录即可进入"我的课程"页面。

二、课程绑定

点击"我的课程"页面右上方"绑定课程"，在"明码"框中正确输入教材封底防伪标签上的20位数字，点击"确定"完成课程绑定。

三、访问课程

在"正在学习"列表中选择已绑定的课程，点击"进入课程"即可浏览或下载与本书配套的课程资源。刚绑定的课程请在"申请学习"列表中选择相应课程并点击"进入课程"。

如有账号问题，请发邮件至：4a_admin_zz@pub.hep.cn。